JN272558

図解 材料加工学

――塑性加工・機械加工――

松岡信一 著

養賢堂

序

'もの'をつくる場合には，いろいろな工具や機械を用いて材料（素材）を加工する．この加工法には多くの種類や方法があり，要求される機能・性能・精度などに合わせて選択される．

加工法は，溶融状態での成形法を除けば「塑性加工」と「機械加工」に大別される．前者は，材料の形を変える加工法で，代表的な圧延，押出し，鍛造，せん断などの加工がある．ここでは体積変化は伴わない．一方，後者は，材料の一部を除去（切り離し）したり，あるいは削り取る加工法で，代表的な切削加工（旋盤加工，フライス加工）や研削加工がある．ここでは加工に伴って体積や重量が減少する．

あらゆる分野で採用される材料の加工法は，それを利用する機械や構造物，その他，あらゆる産業・工業分野の設計者や技術者などに加工法の広範な知識や情報が要求されるようになった．本書は，大学や高専で機械工学および材料加工学を学ぶうえで欠くことのできない教科書，さらに実社会に出て間がない材料加工関係の業務に携わる技術者の入門書として記述した．

本書の内容は，「塑性加工」と「機械加工」を軸に，生産加工の材料科学，塑性加工分野の圧延，押出し，引抜き，鍛造，せん断，曲げ，絞り，および機械加工分野の切削，研削の諸加工について，それぞれの概要，特徴・特性，欠陥対策などについて基礎から最新技術まで多数の図・表をもとにわかりやすく記述した．したがって，これから塑性加工や機械加工の材料加工学を学習する方はもとより，日常的な生産や研究の場において，実際に必要となる種々の加工技術や多数のデータは幅広い分野で活用できるものと確信する．

本書を執筆するに当たり，多くの専門書を参考にさせていただき，また，図・表などの引用をご快諾いただいた著者の方々には，深く謝意を表するものである．

終わりに，本書の刊行を快くお引受けいただきました（株）養賢堂には，心よりお礼申し上げる次第である．

2006年5月　松岡信一

目　次

1．機械材料と加工法

1.1 加工法の種類と分類 ………………………………………………………… 1
1.2 生産加工の材料科学 ………………………………………………………… 3
　1.2.1 生産加工における塑性加工と機械加工の相違 ………………………… 3
　1.2.2 機械材料の種類と特性 …………………………………………………… 5
　1.2.3 金属材料の結晶構造 ……………………………………………………… 6
　1.2.4 金属材料の力学的性質 …………………………………………………… 9
　1.2.5 加工温度と加工速度 ……………………………………………………… 12
　演習問題 …………………………………………………………………………… 13

2．塑性加工

2.1 塑性加工の発展 ……………………………………………………………… 15
2.2 圧　延 ………………………………………………………………………… 16
　2.2.1 板圧延 ……………………………………………………………………… 16
　　(1) 板圧延の基礎 …………………………………………………………… 16
　　(2) 板圧延の不良現象 ……………………………………………………… 18
　2.2.2 棒・線・形材の圧延 ……………………………………………………… 19
　　(1) 棒・線圧延 ……………………………………………………………… 19
　　(2) 形圧延（形材圧延） …………………………………………………… 20
　2.2.3 管圧延 ……………………………………………………………………… 21
2.3 押出し ………………………………………………………………………… 22
　2.3.1 押出しの基礎 ……………………………………………………………… 22
　2.3.2 材料の流れと変形挙動 …………………………………………………… 24
　2.3.3 押出し材の特性と欠陥 …………………………………………………… 25
2.4 引抜き ………………………………………………………………………… 26
　2.4.1 引抜きの基礎 ……………………………………………………………… 27
　2.4.2 材料の流れと変形挙動 …………………………………………………… 27

- 2.4.3 引抜き限界 ·· 29
- 2.4.4 引抜き材の特性と欠陥 ··· 30
- 2.5 鍛　造 ··· 30
  - 2.5.1 鍛造の基礎 ··· 31
  - 2.5.2 材料の流れと変形挙動 ·· 32
  - 2.5.3 鍛造の特性と不良現象 ·· 33
- 2.6 せん断 ·· 34
  - 2.6.1 せん断の基礎 ·· 35
  - 2.6.2 材料の流れと変形挙動 ·· 36
  - 2.6.3 せん断加工の特性と精度 ··· 38
- 2.7 曲　げ ··· 38
  - 2.7.1 曲げの基礎 ··· 38
  - 2.7.2 材料の流れと変形挙動 ·· 39
  - 2.7.3 曲げの不良現象と対策 ·· 40
- 2.8 絞　り ··· 40
  - 2.8.1 絞りの基礎 ··· 41
  - 2.8.2 材料の流れと変形挙動 ·· 42
  - 2.8.3 絞り製品の特性と不良対策 ·· 43
- 2.9 その他の加工 ·· 44
- 2.10 塑性加工の力学 ··· 45
  - 2.10.1 材料内部の二次元応力状態（主応力，主せん断応力） ············ 45
  - 2.10.2 降伏条件（塑性条件）の基礎 ·· 47
  - 2.10.3 三次元応力状態の降伏条件 ·· 49
  - 演習問題 ·· 51

3. 機械加工

- 3.1 切　削 ··· 55
  - 3.1.1 切削の基礎 ··· 55
  - 3.1.2 切削機構と構成刃先 ··· 57
  - 3.1.3 切削比とせん断ひずみ ·· 58

   3.1.4 切削抵抗力 ··· 60
   3.1.5 切りくずの形状と切りくず対策 ····························· 62
   3.1.6 被削性 ·· 63
   3.1.7 切削工具の損傷 ·· 64
   3.1.8 フライス削りとドリル加工 ·································· 66
3.2 研　削 ··· 69
   3.2.1 研削の基礎 ·· 69
   3.2.2 研削砥石の構造と作用 ···································· 70
   3.2.3 研削比と研削抵抗 ·· 73
   3.2.4 砥石の減耗と対策 ·· 74
   3.2.5 砥石と工作物の幾何学 ···································· 76
   演習問題 ··· 77

付　表

1. SI単位と物理定数 ·· 79
2. 量別の換算 ·· 81
3. SI単位以外の換算率 ·· 86
4. 材料定数 ··· 88
5. 主な元素の物性値 ··· 92
6. 工業用材料の力学的性質 ·· 94
7. 元素の周期律表（長周期） ··· 95

索　引 ·· 97

1. 機械材料と加工法

　製品や部品を何らかの方法で加工する場合，その素になる材料の形態は，通常，板や棒状のものである．この製品ができるまでの加工工程を総称して一次加工という．また，その工程で得られた材料（板，棒材）を一次加工品と呼んでいる．

　一次加工で得られた種々の材料を用いて，所要の形状や寸法に加工することを二次加工という．本章では，二次加工の種類と概要，その加工に伴う製品の寸法精度や強度などの諸特性について概説する．

1.1 加工法の種類と分類

　ものをつくる場合，いろいろな工具や機械を使って材料を加工する．この加工には多くの種類や方法があり，その製品・部品に要求される機能，性能，精度およびコストなどを考慮して選択する．

　加工法を最終製品（状態）で分類すると**表 1.1**のように分けられるが，一般

表 1.1　加工法の分類

分類	加工法	加工例
付加加工	接合	溶接，圧接，ろう接，焼ばめ，機械的締結など
	被覆	溶射，めっき，蒸着，塗装など
変形加工	溶融加工（成形）	鋳造，射出成形，チクソモールディングなど
	塑性加工	鍛造，圧延，引抜き，押出し，曲げ，絞りなど
除去加工	機械的除去	切削，研削など
	熱的除去	ガス切断，プラズマ加工，放電加工，レーザ加工など
	化学的・電気的除去	電解加工，電解研磨など

1. 機械材料と加工法

的な呼称ではない．通常，変形加工を代表する「**塑性加工**」と，除去加工を代表する「**機械加工**」に2分される．前者は材料の形を変える加工法で，圧延，押出し，鍛造，せん断，絞りなどの諸加工があり，加工に際して体積変化は伴わない．これに対して，後者は材料の一部を除去し，あるいは削り取る加工法で，代表的な切削加工と研削加工がある．ここでは，体積や重量が変化（減少）す

表1.2 相による分類例[1]

分類	手段	加工例		
固相	分離	せん断（分断加工）	切削（除去加工）	研削（除去加工）
	接合	リベット接合	圧接	
	成形	圧延	型鍛造	曲げ
		押出し	引抜き	深絞り
液相	分離	溶断	放電加工	
	接合	溶接	ろう接	
	成形	鋳造		
気相	分離接合	蒸着		

る.また,付加加工を代表する「溶接,接合」などは,溶融加工法に分類されることが多く,ここでは取り扱わない.

また,**表 1.2** のように相分類することも多い.これは,上記と異なり加工に伴う金属の相(状態)変化で分けるもので,固相,液相,気相に分類される.

本章で取り扱う塑性加工や機械加工は,すべて固相状態の加工である.

1.2 生産加工の材料科学

1.2.1 生産加工における塑性加工と機械加工の相違

塑性加工の「塑」とは,土・粘土のようなものでものの形をつくることが語源である.**塑性**(plasticity)に伴う変形を**塑性変形**(plastic deformation)と呼び,

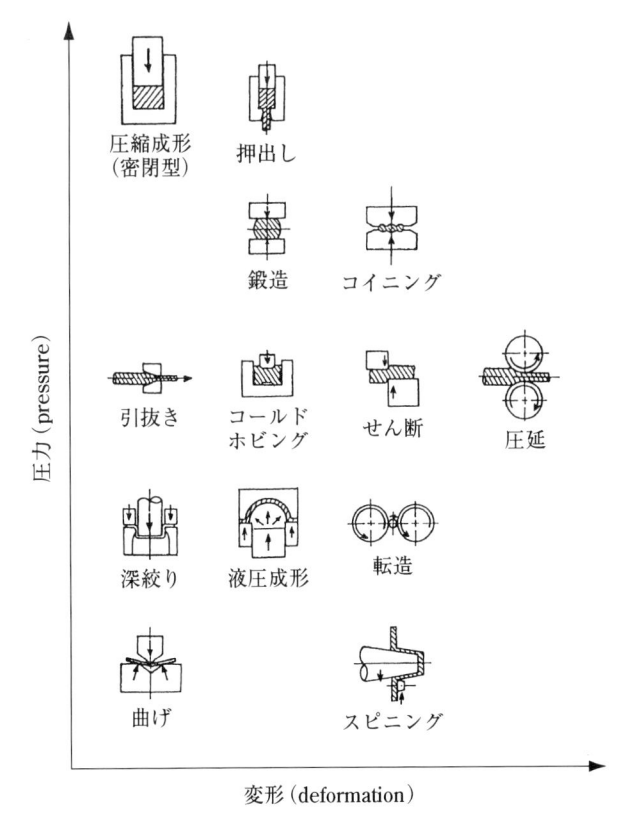

図 1.1 塑性加工に伴う変形と圧力との関係[2]

弾性による**変形**（elastic deformation）と区分する．塑性加工は，物体に外力が作用すると変形が生じ，外力を取り除いても変形が残留する特性を持つ．この過程において，金属では結晶粒内のすべり変形によって塑性変形が進み，形がつくられる．

図 1.1 に，塑性加工に伴う変形量とそれに要する圧力との関係を示す．種々の加工法を利用して，身の回りの日用雑貨から自動車，車両，航空機関連工業に至るまで，あらゆる部品・製品の多くのものがつくられている．この塑性加工は，他の加工法に比べて高生産性・高付加価値性・経済性などに優れ，"塑性加工技術なくして現在の工業の発展はない"といっても過言ではない．

これに対して，機械加工は，一次加工または二次加工で製造された材料（素形材）に切れ刃工具を用いて材料の一部を除去する加工法（切削加工，研削加工）である．この方法は，製品の寸法精度や表面性状は極めて良好であるが，加工能率や歩留まりの面で前者に劣る．したがって，いずれの加工法を採用するかは，その製品に要求される機能，性能に合わせて選択することが重要となる．**表 1.3** に，代表的な加工法の種類と利点を示す．

また，塑性加工に適する材料は，変形能が大きく，加工力の小さい方が有利であるのに対し，機械加工では，材質によって被削性の良否が左右される．

表 1.3 加工法の種類と特徴

分類	加工法	生産速度	材料の歩留まり	寸法精度	製品形状の複雑さ
変形加工	鋳造	×	△	×	○
	塑性加工	○	○	△	×
	粉末成形	△	○	△	△
	射出成形	○	○	○	△
除去加工	切削加工	×	×	○	×
	研削加工/砥粒加工	×	×	○	×
	特殊加工	×	×	△	×

○：良，　△：やや良，　×：不良

1.2.2 機械材料の種類と特性

機械材料を大別すると，**金属材料**と**非金属材料**に大別される（**表1.4**）．金属材料は，鋳鉄（SS40など），炭素鋼（S45Cなど），ステンレス鋼（SUS）などの**鉄鋼材料**に対して，アルミニウム（Al），銅（Cu），マグネシウム（Mg），チタニウム（Ti）などの**非鉄材料**に分けられる．また，後者の非金属材料には，プラスチック（plastics），ゴム（gom），セラミックス（ceramics）をはじめ，これらの**複合材料**（composite materials）などがある．

たとえば，自動車（**図1.2**）を製造する場合，エンジンはアルミニウムなどの鋳造，車体（ボディ）は薄鋼板のプレス加工，クランク軸シャフトや歯車などには鋼材の熱間鍛造など，それぞれの材料の特性を最大限に活かされるような加工法が採用されている．また軽量化を図るために，鉄鋼材からアルミニウム合

表1.4 主な工業材料

材料の種別		主な材料
金属材料	鉄鋼材料	鋳鉄，炭素鋼，工具鋼，高張力鋼，ステンレス鋼など
	非鉄金属材料	アルミニウム，マグネシウム，銅，ニッケル，チタニウム，その他の合金など
非金属材料		プラスチック，ゴム，セラミックス，ガラス，石材，コンクリートなど

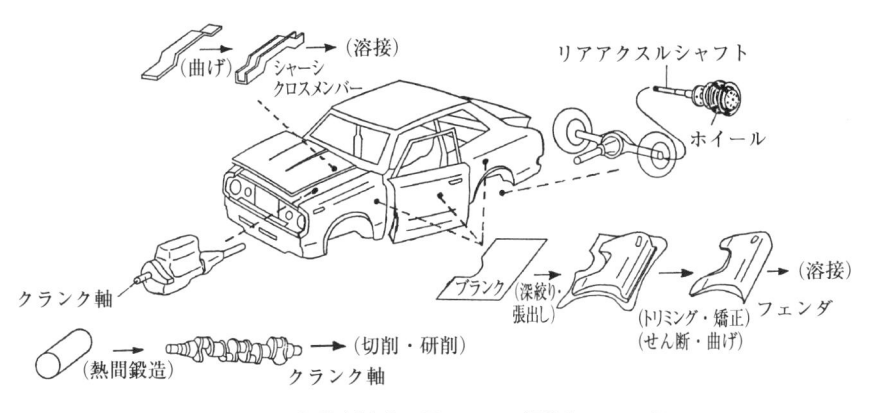

図1.2 自動車製造工程における塑性加工の一例

(6)　1. 機械材料と加工法

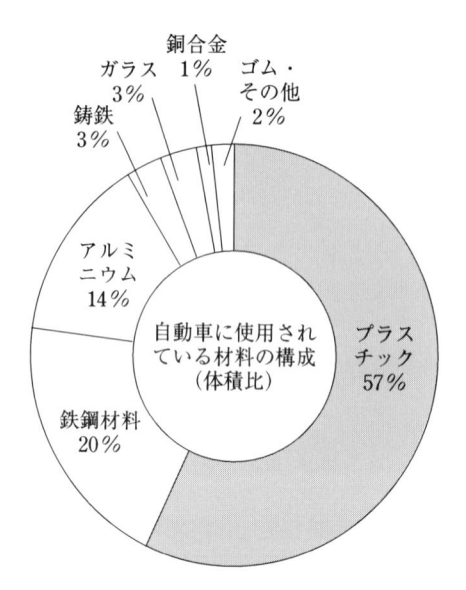

```
銅合金 1%
ガラス 3%    ゴム・その他 2%
鋳鉄 3%
アルミニウム 14%
鉄鋼材料 20%
プラスチック 57%
自動車に使用されている材料の構成（体積比）
```

図1.3　自動車に使用されている材料の例

金やマグネシウム合金への移行，そして**軽量鋼板**，**複合材料**（FRTP，MMCなど）あるいはプラスチックへの移行が進んでいる．

さらに，エンジンからの振動や騒音を軽減するために**制振鋼板**が採用されている．そのほか，窓にはガラス，オイルタンクやシートシェルおよびバンパにはガラス繊維強化熱可塑性プラスチック（GFRTP），吸気ダクトや室内ダッシュボードおよびドアーインパネなどには熱可塑性プラスチック（TP），点火プラグにはセラミックス，タイヤやワイパにはゴム，座席シートには繊維など，多種多様の素材が用いられている．

その割合の一例を**図1.3**に示す．同図から，重量別では鉄鋼を含む金属材料が圧倒的に多く用いられているが，体積（容積）別ではプラスチック材料の使用量が1995年を境に鉄鋼材料を追い越した．

1.2.3　金属材料の結晶構造

金属材料を結晶構造で分類すると，**図1.4**のように**面心立方格子**（face centered cubic；Al，Cu，Ni，Auなど），**体心立方格子**（body centered cubic；Fe，Ti，Cr，Moなど），**最密六方格子**（hexagonal closed packed；Mg，Zn，Beなど）

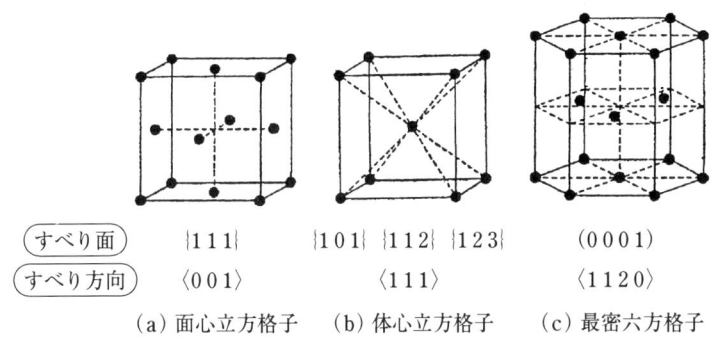

すべり面	{111}	{101} {112} {123}	(0001)
すべり方向	⟨001⟩	⟨111⟩	⟨1120⟩
	(a) 面心立方格子	(b) 体心立方格子	(c) 最密六方格子

図1.4 金属の結晶構造

に分けられる．fccのすべり面（slip plane）は，面の対角線を含む面で，そのすべり方向は対角線方向である．bccのすべり面は，稜と体心の原子を含む面で，そのすべり方向は頂点の原子と体心の原子を結ぶ方向である．hcpのすべり面は，底辺のみ（室温）で，そのすべり方向は底辺の隣り合う原子を結ぶ方向である．通常，すべり面とすべり方向の組合せを**すべり系**と呼ぶ．

一般に，材料の引張りに伴う変形状態を模式化すると**図1.5**のようになる．結晶に見立てたブロックが，すべりながら伸び変形する様子がわかる．同図のように，結晶は最大せん断応力の方向にすべり，最もすべりやすいものは，結合の弱いところがすべり面となる．すなわち，原子密度の高い面とその方向で

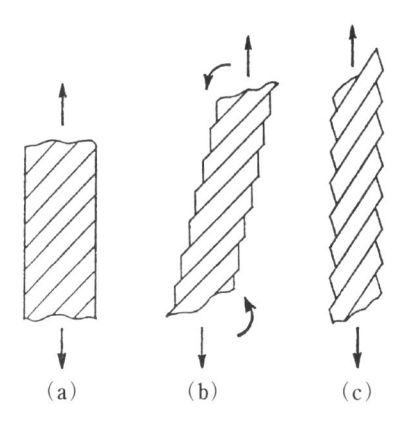

図1.5 すべりによる引張変形[3]

(8)　1. 機械材料と加工法

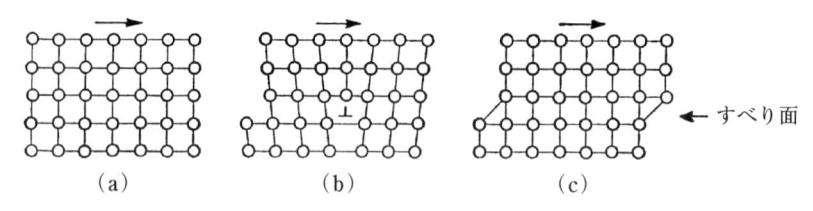

図1.6　転位による塑性変形（⊥：転位）

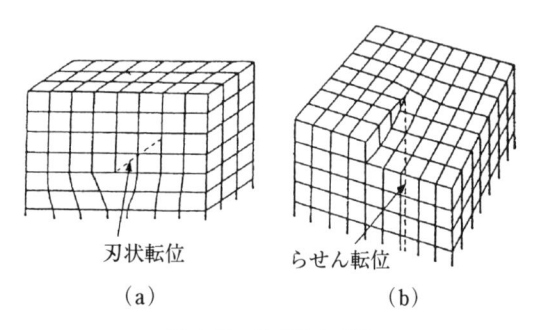

図1.7　代表的な変位

ある．しかし，塑性変形では，結晶面が全面ですべるためには大きな力が必要となり，矛盾する．そこで，**図1.6**に示すように**転位**（dislocation）が生じ，弱い力で変形する．代表的な転位を**図1.7**に示す．

　また，変形しない結晶は，固体を構成する原子が規則正しく配列しているのに対し，塑性変形ではこの配列に部分的な格子欠陥が生じて転位が起きる．この**格子欠陥**（lattice defect）には点・線・面の各欠陥があり，これらの欠陥と塑

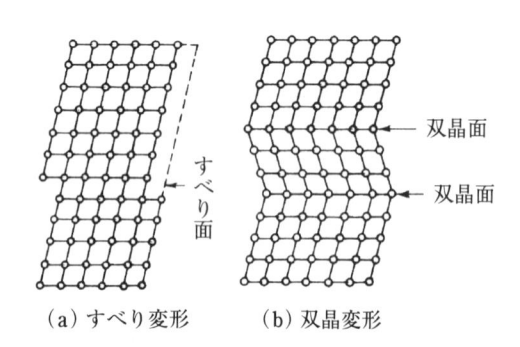

図1.8　すべり変形と双晶変形のモデル図

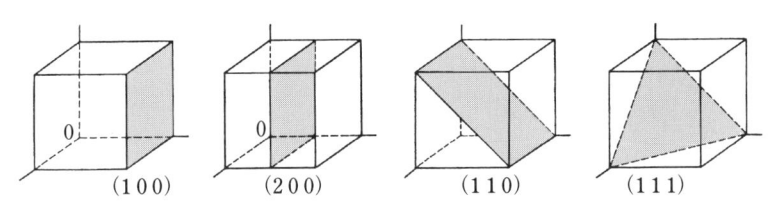

図1.9 立方格子の主要面のミラー指数

性変形は密接な関係にあることはいうまでもない．そのほか，面を中心に対称構造を有する**双晶**（twin）がある（**図1.8**）．

さらに，変形の程度は立方格子の主要面の**ミラー**（Miller）**指数**（**図1.9**）によって判別でき，結晶格子の数が多い材料ほど変形しやすい．また，金属材料を結晶組織で分けると**多結晶**と**単結晶**（原子配列の向きが同一である結晶質体）および**非結晶**（アモルファス）に分けられる．

1.2.4 金属材料の力学的性質

金属材料を単軸引張試験すると，**図1.10**のような応力-ひずみ線図で表される．ここで，引張荷重の増大とともに弾性域から塑性域へと進行する．このとき，材料の中心部では三次元の引張応力が発生し，この応力の不均衡から微小なボイドが生成する．その後，荷重の増大とともにボイドが拡大・連結し，やがて周辺部まで成長して破断する．この様子を**図1.11**に示す．

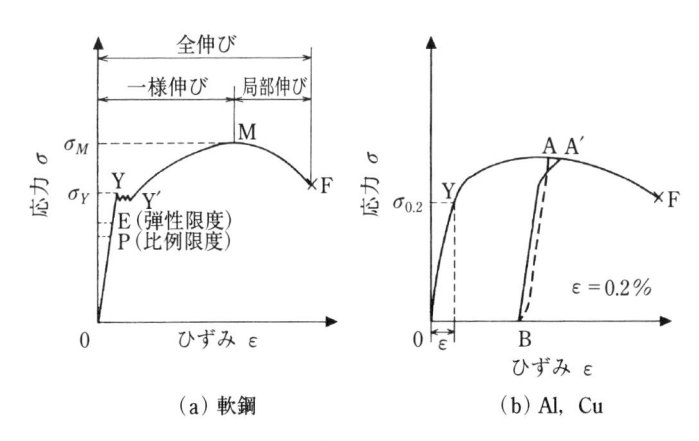

図1.10 荷重と伸びとの関係

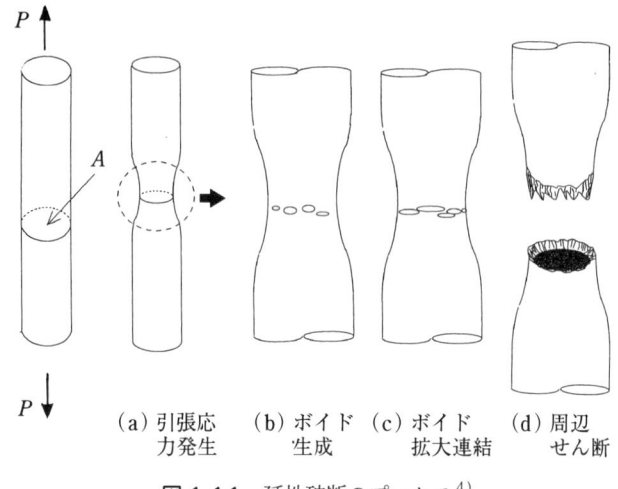

(a) 引張応力発生　(b) ボイド生成　(c) ボイド拡大連結　(d) 周辺せん断

図1.11　延性破断のプロセス[4]

また，材質や試験条件によって破断形態も異なり，**図1.12**のように**延性破断**と**ぜい性破断**に2分される．このように，金属材料が塑性変形を続けると破断するが，この破断に至るまでのひずみ，すなわち**変形能**は，材料の種類や状

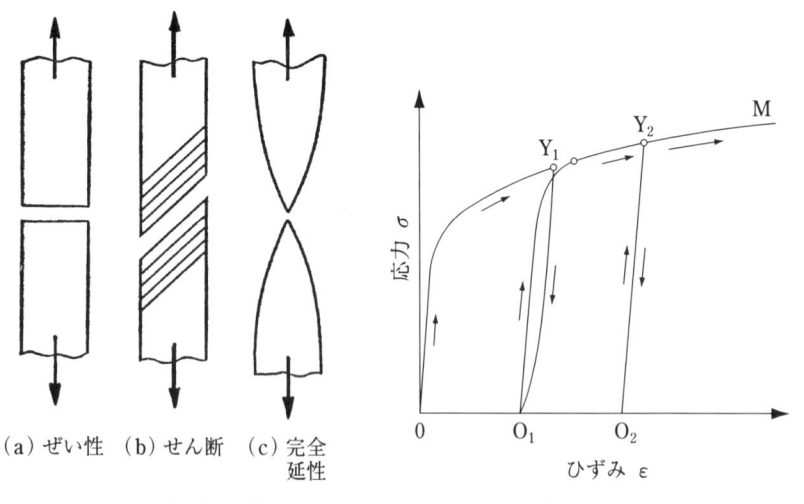

(a) ぜい性　(b) せん断　(c) 完全延性

図1.12　引張試験片の破断モデル

図1.13　応力-ひずみ線図（加工硬化）

態,加工温度,加工速度によって異なる.

さらに,**図1.13**に示すように材料を**塑性域** Y_1 まで引張荷重を加えたのち除荷すると,立ち上がり($0 \to Y_1$)と異なる $Y_1 \to O_1$ に沿って戻り,0-O_1 の塑性ひずみが残る.これに再び引張荷重を加えると,$O_1 \to Y_2$ に沿って進み,Y_2 以後は $Y_2 \to M$ となる.ここで,Y_1-O_1 および O_1-Y_2 の傾きは,原点からの立ち上がりの傾きとほぼ同じである.このように,引張加工(変形)によって材料の降伏点が増加する,すなわち**ひずみエネルギー**が蓄積して硬化する.これを**加工硬化**(work-hardening,ひずみ硬化)という.ミクロ的には,加工が進行すると転位が生じ,この転位は結晶粒界,介在物などに集積されて結晶の内部ひずみが増加する.また,多くのすべり面上の転位が絡み合って動きが鈍くなる.この現象が加工硬化である.

図1.14のように,試験片(棒)に引張荷重を付加すると $O \to A \to B$ となり,点 B で除荷すると点 C に戻り,O-C の塑性ひずみが残る.これを逆方向に圧縮すると,点 D を経て点 E に達し塑性変形する.ここで,点 B と点 D の応力の絶対値を比較すると,$D < B$ となる.このように,一度,塑性変形した材料は,はじめに与えた応力と逆向きの応力に対して降伏点が低下する.この現象を**バウシンガー効果**(Bauschinger effect)と呼び,ねじり変形でも認められる.

なお,図中の点 E で圧縮荷重を除荷し,再度,引張荷重を加えると $E \to F \to G \to H$ と変形する.このように,引張りと圧縮を繰り返し与えると,σ-ε 曲線

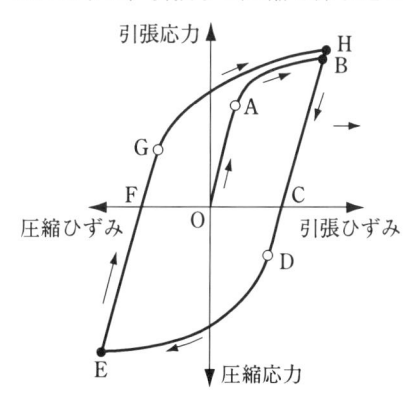

図1.14 塑性ヒステリシスとバウジンガー効果[5]

はループを描く．これを**塑性ヒステリシス**（plastic hysteresis）という．このループに囲まれた面積は，この変形に費やされた仕事量に等しく，ほとんどが熱となって消失する．

1.2.5　加工温度と加工速度

金属材料を加工すると，内部ひずみが増して硬化する．この硬化した材料を加熱すると，原子の運動が活発になり，転位の再配列が生じ，内部ひずみが減少する．この現象を**熱回復**という．この材料をさらに高温に加熱すると，原子が再配列し，ひずみのない新しい結晶が生成する．この結晶は，塑性ひずみを付与する前の状態（性質）に戻り，変形能が回復する．これを**再結晶**（recrystallization）と呼び，この熱処理を**焼なまし**（annealing）という．**図 1.15** に示すように，加工と焼なましを繰り返すと，破断までの塑性ひずみが増加し，大きな加工が得られるようになる．

このほかに，**焼入れ**（hardening），**焼戻し**（tempering）の処理がある．前者は，金属を高温に加熱した後，急冷し，擬安定組織にする熱処理である．たとえば鋼の場合，オーステナイト域まで加熱した後，急冷すると，マルテンサイト変態が生じて硬化する．後者は，焼入れによってマルテンサイトを含む硬化した組織を加熱によって安定した金属組織にする手法で，じん性が向上する．

また，再結晶温度（**表 1.5**）を境に，材料の特性は大きく変わる．再結晶温度より低い温度で加工すると，加工硬化が生じる．これに対して，それ以上の温度では再結晶による軟化が生じ，変形能が大きくなる．前者を**冷間加工**（cold

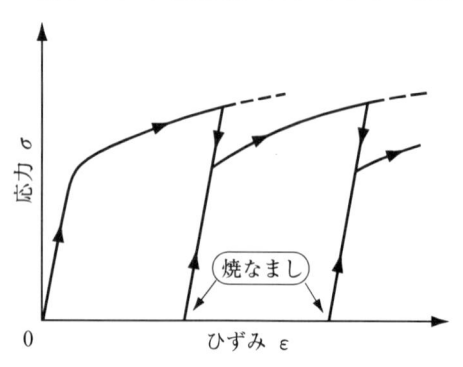

図 1.15　焼なましの効果

working），後者を**熱間加工**（hot working）と呼ぶ．また，冷間加工のうち，室温より高く，再結晶温度よりも低い温度での加工を温間加工と呼ぶ．

他方，再結晶や**析出**（precipitation）のように，原子の拡散が大きく関係する現象では，加工速度の影響が大きい．図1.16に示すように，熱間加工では再結晶による軟化が生じるが，再結晶に時間を要するため，加工速度を増大させると軟化が不十分とな

表1.5 主要金属の再結晶温度

金属	再結晶温度，℃
Au	200
Cu	200〜300
Fe	350〜400
Ni	530〜660
W	1200
Al	150〜240
Zn	7〜75
Pt	450
Mg	150

り，変形抵抗が増加する．逆に，冷間加工では加工速度の影響は少ないが，加工硬化が大きくなる．また，析出を伴う場合も速度の効果が大きい．

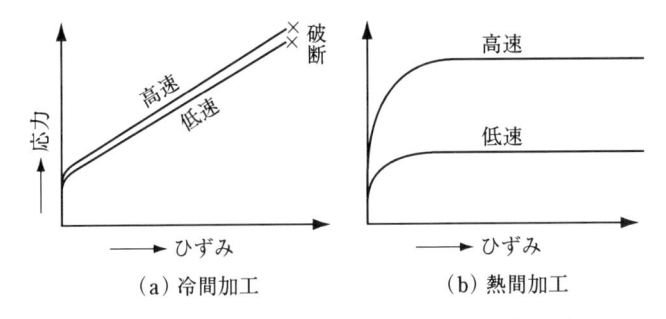

図1.16 応力-ひずみ曲線に及ぼす加工速度の影響
（a）冷間加工　（b）熱間加工

< 演 習 問 題 >

1. 金属材料の種類と結晶構造を述べよ．
2. 結晶の最大原子密度の面と方向は，結晶系によって幾何学的に決まる．bccおよびfccについて，これらの面と方向を求め，その数を比較せよ．
3. 転位の種類とそのメカニズムを述べよ．また，転位のほかに結晶すべりを起こす機構がある．調査せよ．
4. 材料の硬さと変形抵抗はよく対応する．この理由を述べよ．
5. 結晶粒度と降伏点は強い相関が認められ，Hall-petchの式で表示される．こ

の式を示し，関係を考察せよ．

$$[\sigma_e = \sigma_0 + k(1/\sqrt{d})]$$

6. 針金または薄板を繰り返し折り曲げるとやがて折れる．この理由を述べよ．
7. 再結晶温度は金属の融点の約1/2であるといわれている．幾つかの金属について調査せよ．
8. 結晶が微細化すると，一般に機械的性質が向上する．この理由を述べよ．
9. 熱間加工と冷間加工の特徴・弱点を比較せよ．
10. 材料を加工する場合，温度や速度が大きく影響する．冷間（常温）および熱間加工について，それぞれの影響を簡潔に述べよ．
11. 材料を加工する際，異方性が問題となる．この理由を述べよ．
12. 直径10 mm，長さ50 mmの金属丸棒を荷重15 kNで引張試験した場合，長さが65 mmになった．このときの公称応力と公称ひずみを求めよ．

$$[191 \text{ MPa},\ 0.3\ (30\%)]$$

参考文献

1) 鈴木　弘 編：塑性加工，裳華房 (1991) p.10.
2) 松岡信一：機械の研究，**34**, 3 (1982) p.365.
3) 鈴木　弘 編：塑性加工，裳華房 (1991) p.23.
4) 塩谷　義：航空宇宙材料学，東京大学出版会 (1997) p.61.
5) 鈴木　弘 編：塑性加工，裳華房 (1991) p.25.

2. 塑性加工

日常，手に触れるものあるいは目にする多くのものが**塑性加工**（forming, metal working）でつくられている．塑性加工は，材料の塑性（物体が弾性限を超えた負荷を受けた場合，その形状や大きさが永久に残留する性質）を利用して，金属材料を所要の形状・寸法に加工する方法の総称である．

2.1 塑性加工の発展

塑性加工の発展は金属が世に発見されてから始まり，その加工のしやすさと適度な強さが大きく関与した．その一例に刀剣などの錬金術があり，以来，加工技術は大きく進歩してきた．**図 2.1** に，鋼材の製造過程を例示する．溶鉱炉から出た鋼魂は，圧延あるいは連続鋳造を経てスラブ，ビレットなどの一次製品となる．これを再度，**熱間圧延**（塑性加工）で所要の寸法・形状の製品（板・棒材など）に加工する．ここで得られた薄鋼板や形材を用いて，図1.2に示した自動車製造における各部材に適用される．たとえば，薄板鋼板を用いてボディやフェンダをプレス成形し，不要な箇所はトリミングして部品となる．

このように，塑性加工によってものをつくる生産速度は，ほかの加工法と比べて格段に早く，しかも材料のコスト（歩留まり）や材質改善を伴って大きく飛躍してきた．その特性を比較したものを 表1.3 に示した．

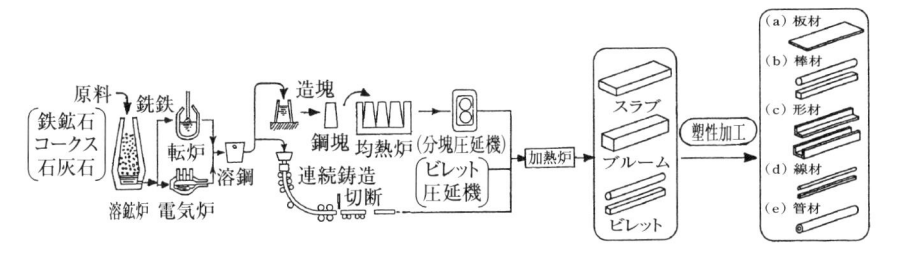

図 2.1　鋼材の製造工程における塑性加工の例

これまで，塑性加工は大型化・高速化・連続化・量産化を推進してきたが，今後は環境に調和した多品種少量生産，多機能化（多種類の部品を高生産能率で製品化する），製品の多様化（多様になった材質への対応など）を一層推進することが求められる．

2.2　圧　延

鋼材の製造工程（図 2.1）で得られる一次製品（スラブ，ブルーム，ビレット）を回転する2個以上のロールの間に挿入し，連続的に圧力と変形（圧縮展延）を付与して，所要の断面形状と寸法の板材あるいは形材に加工する方法を **圧延**（rolling）という．この加工法には，板材を得る **板圧延**（sheet rolling）と，棒・線，形，管を得る **形材圧延**（section rolling）がある．

2.2.1　板圧延
（1）板圧延の基礎

板圧延は，**図 2.2** に示すように，回転する一対の平ロールの間に材料を挿入（かみ込み）し，所定の厚さや断面形状の製品に加工する．この加工は，再結晶温度を境に熱間圧延では変形抵抗が小さく，加工が容易で，そのうえ組織は微細化して強じんな性質になる．主に，厚板や形鋼などが製造される．

これに対して，冷間圧延では，表面性状や平坦度の向上が期待でき，冷延薄板の製造が中心である．

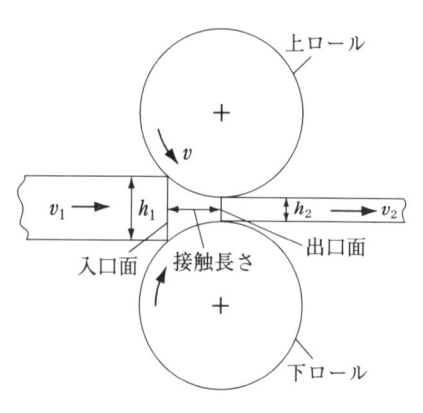

図 2.2　圧延機の外観と原理[1]

圧延工程における加工度は,

　　圧下量 (圧延量): $\Delta h = h_1 - h_2$
　　圧下率 (圧延率): $R_e = (h_1 - h_2)/h_1 \times 100$ (%)

で定義する．ここで，h_1，h_2 は，圧延前後の板厚で，R_e が増大すると板厚は小さく（薄く）なる．

また，単位時間当たりの体積移動量は一定であることから，次式が成立する．

$$h_1 w_1 v_1 = h w v = h_2 w_2 v_2$$

ここで，h：ロールすき間，w：板幅である．

自動車用鋼板のように板厚に比べて板幅が大きい材料は，幅の変化量は極めて小さい値であるため，近似的に

$$h_1 v_1 = h v = h_2 v_2$$

となる．ここで，$h_1 > h > h_2$ より，$v_1 < v < v_2$ となり，板の速度は厚さの減少に応じて，出口に近づくと速くなる．すなわち，板の速度はロール周速より速くなり，このとき $(v_2 - v)/v$ を**先進率**（forward slip）と呼ぶ．中立点 N では，ロール周速に等しい．

ここで，板とロール間の摩擦力 τ は，中立点 N を境に向きが逆方向となり，ロールとの接触圧力（圧延圧力）p に対して，次のように表される（クーロン摩

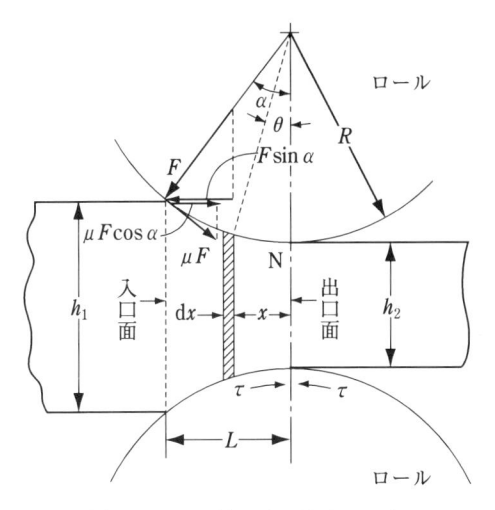

図 2.3　かみ込み時に発生する力

擦のモデル).

$$\tau = \pm \mu p$$

ここで，摩擦係数 μ は接触弧すべてにおいて一定とする．圧延圧力は，点 N で最大となる．

　圧延ロールの加工力は，**図 2.3** のかみ込み角 α（または摩擦角）で決まる．ロール面に垂直な力 F と摩擦力 μF から，

$$\mu F \cos\alpha \geqq F \sin\alpha$$

となり，

$$\mu \geqq \tan\alpha$$

の関係が成立する．したがって，圧延に要する圧下力，すなわち圧延荷重 P は，$\mu\tan\theta \fallingdotseq 0$，$\cos\theta \fallingdotseq 1$ と簡略化し，接触長さ L の全体にわたって圧延圧力 p を積分すると求められる．すなわち，

$$P = w \int_0^L p\,dx$$

となる．

　しかし，概算を求める場合は，簡便な次式を用いる．すなわち，圧延荷重 P は，

$$P = p_m w L$$

となる．ここで，p_m：接触する円弧上の平均圧延圧力，w：板幅，L：接触長さである．また，板がかみ込むためのかみ込み角 α は，

$$\alpha_{\max} = \tan^{-1}\mu$$

となる．

(2) 板圧延の不良現象

　板厚の不均一，圧下率の調整不良，ロールの弾性変形などによって，圧延された材料に形状不良が生じる．その代表例を**図 2.4** に示す．極端に大きな圧下量（断面減少率）を採用すると，同図 (a)，(b) のような欠陥が生じやすく，また，板の平坦度不良が原因で生じる欠陥には同図 (c) 〜 (e) が多い．さらに，圧延ロールの弾性変形を抑制するために，**図 2.5** に示すようなワークロールを支援するバックアップロールが採用され，大きな加工圧力にも耐える構造にな

(a) わに口割れ (b) 耳割れ

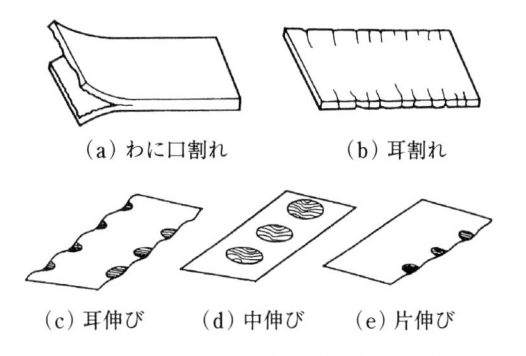

(c) 耳伸び (d) 中伸び (e) 片伸び

図2.4 板圧延による材料の割れと形状不良の例

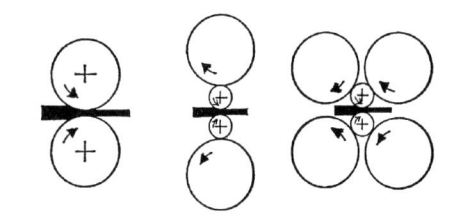

(a) 2段圧延機 (b) 4段圧延機 (c) 6段圧延機

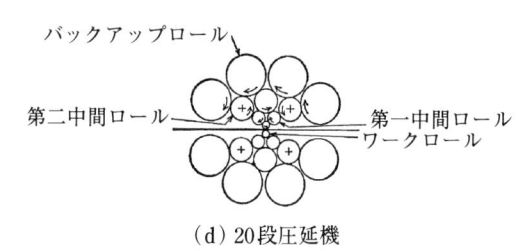

バックアップロール
第二中間ロール　第一中間ロール
ワークロール

(d) 20段圧延機

図2.5 各種圧延機のロール配列例[2]

っている．

2.2.2 棒・線・形材の圧延

(1) 棒・線圧延

板圧延では平ロールを採用したが，ここではロールの表面に円弧やⅤ字形の溝を付けた一対の孔形（型）ロールを用いることで，断面が丸や四角の棒や線状の製品が製造できる．図2.6に，丸棒圧延の工程例を示す．

この工程は，長円（オーバル）と角（スクウェア），菱形（ダイヤ）と角（スク

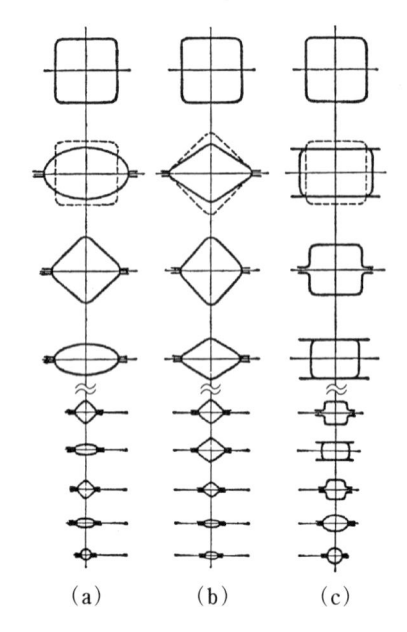

図 2.6　丸棒圧延の種類と工程例〔(a) 長円と角，(b) 菱形と角，(c) 箱形と平の各方式〕[3]

ウェア）などの孔形ロールの組合せによって，棒や線を圧延する方法で，**孔形圧延**（caliber rolling）と呼ぶ．1パスごとに材料を 90°（または 45°）回転させて，圧延圧力と変形量（材料流れ）の均等性を維持しながら所要の形状の製品をつくる．

また，この工程では，1パスで極めて大きい断面減少率（圧延率）を適用すると，内部空孔や表面き裂（クラック）などの欠陥が発生するため，最適な断面減少率を設定するか，あるいは数回以上のパス工程を経て，所要の断面形状に加工する．

（2）形圧延（形材圧延）

上記の単純断面形状の棒・線圧延に対し，非対称断面や H 型，I 型，レールなどの形鋼の製造には，**形材圧延（形鋼圧延）**が適用される．これは古くから用いている方法で，鋼材の種類，断面形状，サイズなどが異なる多種多様の形鋼の製造や，多品種少量生産向きの加工法として使用されてきた．その後，技術の進化に伴い，**図 2.7** に示すようなユニバーサル方式の圧延機が市場し，

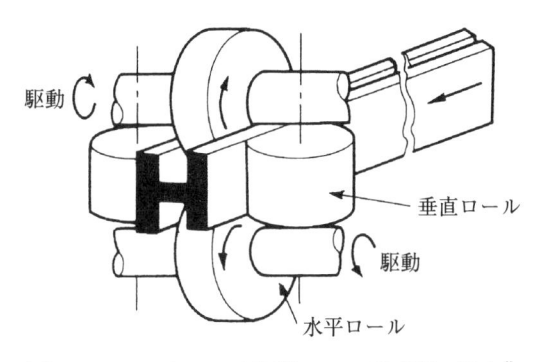

図 2.7 ユニバーサル圧延機によるH型鋼の製造[4]

表 2.1 形鋼の種類

サイズ	種類	断面の形状	用途例
大型	H型鋼	W┃I┃ F	建築物，地下構造物，橋梁の支柱
大型	I型鋼	W┃I┃	建築，橋梁，車両用部材
中型	レール	⊥	鉄道，鉱山土木工事，エレベータ，クレーン用
中型	溝形鋼	W┃C┃ F	建築，橋梁，車両用部材

W：ウェブ，F：フランジ

多用されている．

　この工程は，上下一対の水平ロールと左右（垂直方向）一対の縦ロールの計4本の平ロールで連続圧延して製造する加工法であり，生産効率，品質面，設備面などに優れている．**表 2.1** に，主な形鋼の種類を示す．多様化するニーズに対応できる加工法として重宝されている．

2.2.3 管圧延

　鋼管の製造には，継目なし鋼管と溶接管がある．後者は，大型のプレス機で鋼板をU→O形に曲げ加工し，溶接して鋼管をつくる溶接鋼管である．石油やガスの油送管などの大口径鋼管などは，この方法で製造する．

　これに対して，小径管（65 mm以下）の場合は，**マンネスマン効果**（Mannes-

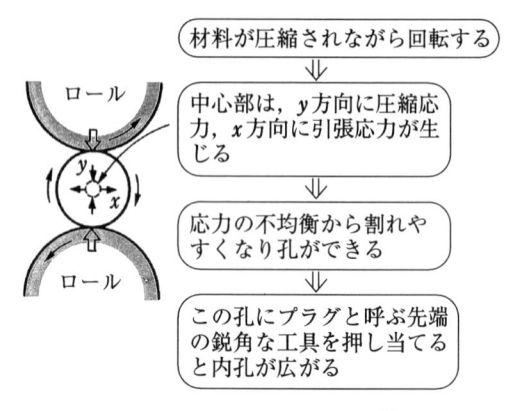

図 2.8 マンネスマン効果[5]

mann effect) を利用した継目なし鋼管を製造することが多い．マンネスマン効果とは，**図 2.8** のように，2本のロールで圧延中に材料の中心部に応力（圧縮と引張り）の不均衡が生じ，中心部が割れやすくなって空孔ができやすくなる現象をいう．この時点で，プラグと呼ぶ穿孔工具を挿入することで容易に内孔が拡がる．この変形現象を利用して**継目なし鋼管**（シームレスパイプ）を製造する．

2.3 押出し

押出し (extrusion) は，コンテナに挿入したビレットをラム（またはパンチ）で押し出し，ダイスに設けた穴と同じ断面形状の棒や形材などを成形する方法である（**図 2.9**）．

幼年期に体験したトコロテンを突く動作とまったく同じで，アルミニウム合金やマグネシウム合金を高温下で圧力をかけてダイスの穴から前方へ流出（押し出す）させる方法である．

2.3.1 押出しの基礎

押出しには，**図 2.9** の (a) **前方押出し** (forward extrusion) と (b) **後方押出し** (backward extrusion) がある．前者は，ステムの進行方向と押出し材（製品）の出る方向が同じであり，直接押して流出させることから，直接押出しともいう．これに対して，後者は逆方向の流動であり，間接押出しという．このため，

2.3 押出し

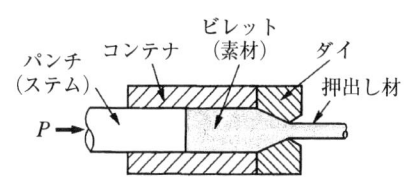

図中ラベル：
(a) 前方押出し（直接押出し）
パンチ（ステム）, コンテナ, ビレット（素材）, ダイ, 押出し材, P

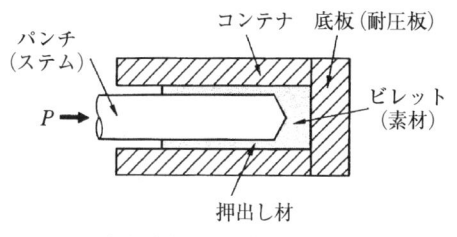

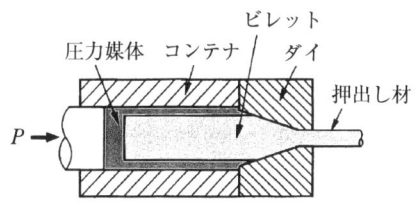

(b) 後方押出し（間接押出し）
パンチ（ステム）, コンテナ, 底板（耐圧板）, ビレット（素材）, 押出し材, P

(c) 静水圧押出し（前方押出し）
圧力媒体, コンテナ, ビレット, ダイ, 押出し材, P

図2.9　押出し加工の種類

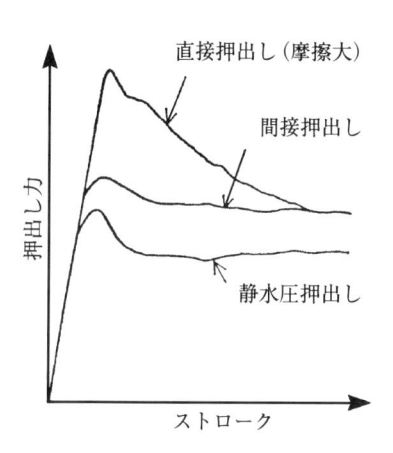

図2.10　押出し力とラムストローク線図[6)]

曲線ラベル：直接押出し（摩擦大）, 間接押出し, 静水圧押出し
縦軸：押出し力　横軸：ストローク

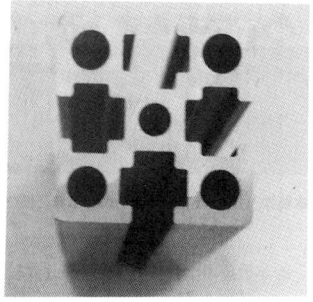

(a) 熱交換機用形材
(b) 構造用フレーム（□30×30）

図2.11　押出し形材（製品）の一例

押出し力に差が生じ，図2.10に示すように，直接押出し＞間接押出しとなる．また，上記のラム押出しに対して，静水圧力下で押し出す**静水圧押出し**〔(hydrostatic extrusion，図2.9 (c)〕がある．流動性のある媒体を加圧し，ビレットに等方圧を付加して前方に押し出す方法である．

押出しによって得られた製品（形材）の一例を図2.11に示す．丸や四角の単純な断面形状のものから，熱交換機用部材やアルミサッシなどの薄肉で複雑な断面形状のものまで，多様に押出し加工できる．通常，前方押出しは長尺物あるいは管の成形，また後方押出しは容器類を成形する．

2.3.2 材料の流れと変形挙動

図2.12に示すように，コンテナに装填された**ビレット**（billet，素材）は，ラムからの加圧によって高い静水圧を受けながら，徐々にダイスから押し出される．

この加工は一度に大変形を与えることができ，そのうえ，製品の強度や変形能を向上させるなどの利点がある．また，コンテナ壁面とビレットの間の摩擦により，中心部と壁部ではせん断応力や伸びひずみに差が生じ，押し出された製品（押出し材）の結晶組織は，中心部では微細組織を呈し，外周部は粗粒組織となる．また，この摩擦により押出し力の増大や材料流れの不均一などが生じ，それが原因で割れや凝着などが生じやすくなることが多い．

ここで，ビレット断面積 A_0 と押出し材の断面積 A_1 の比，すなわち $A_0/A_1=r$ を**押出し比**（extrusion ratio）という．この値は，通常，鋼材で50前後，アルミニウム合金で80前後が多い．特に，アルミニウム合金で微細製品を押し出す場合は1 000〜8 000まで可能である．

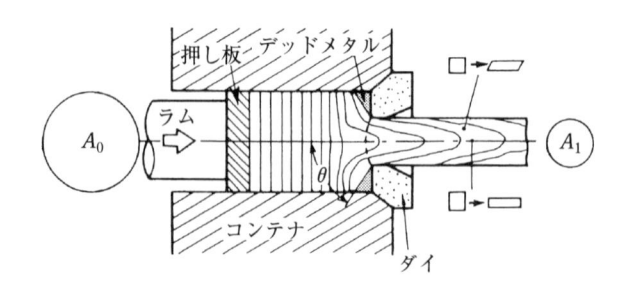

図2.12 押出しにおける材料の流れ

(a) 摩擦が小さいとき　　　(b) 摩擦が大きいとき

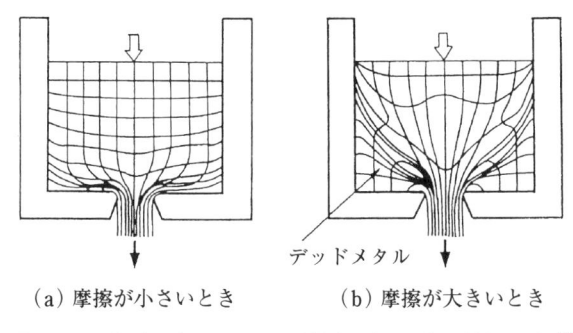

図2.13　押出し加工における材料の流れ（格子線解析法）[7]

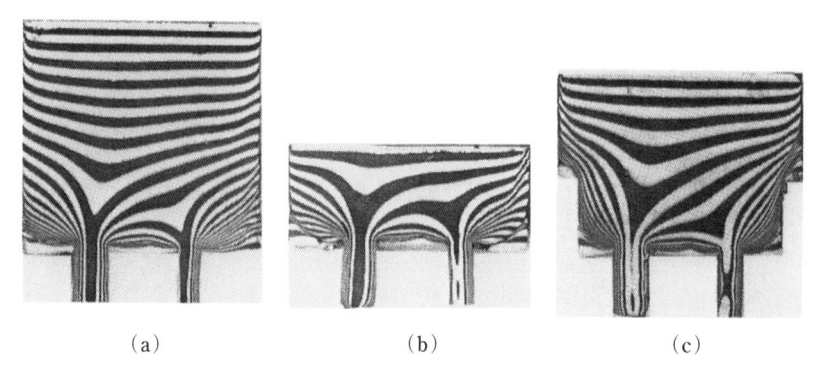

(a)　　　　　　(b)　　　　　　(c)

図2.14　金型形状の違いによる材料の流れ（プラスティシン）[8]

また，図2.12に示した材料の流れを格子線解析すると，壁面の摩擦によって領域に大小はあるが，デッドメタルが生じる．特に摩擦が大きいと，デッドメタル領域も大きくなり，デッドメタルとビレットのせん断面に沿って材料は流れ，ダイスから流出される（**図2.13**）．

この挙動をプラスティシンで観察した様子を**図2.14**に示す．同図は，2孔ダイスを用いたビレットの高さが異なる場合〔(a), (b)〕，およびコンテナ形状が異なる場合〔(a), (c)〕について調査した結果である．白黒材の流れは，デッドメタル領域を境にせん断流動し，また孔の大きい方（左側）の材料流れが大きいことがわかる．

2.3.3　押出し材の特性と欠陥

ビレットは高い静水圧を受けてダイスから大気中に押し出されるため，拘束

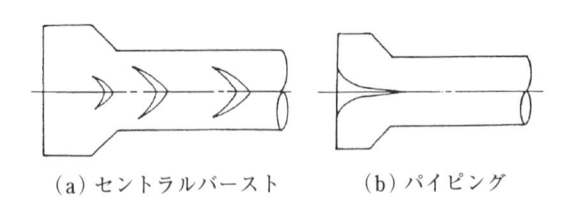

(a) セントラルバースト　　(b) パイピング

図2.15　代表的な欠陥

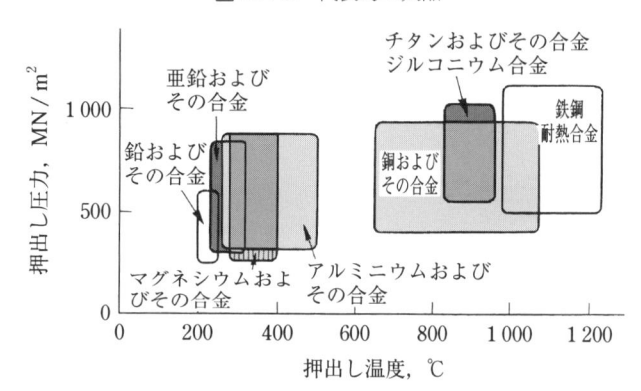

図2.16　各種金属材料の押出し圧力と押出し温度との関係[9]

していた圧力の解放と同時に，押出し材は表面欠陥や寸法精度に影響を及ぼすことがある．特に，一度に大きな押出し比（断面減少率）を採用すると，押出し材の末端部は破断開口やクラックなどの欠陥が生じる．その一例を**図2.15**に示す．

また，押出し温度は，材料の変形抵抗と押出し材の寸法精度や表面欠陥などに大きな影響を及ぼすため，その選定は重要である．**図2.16**に，その一例を示す．

その他，ダイス角，ダイス穴径，潤滑剤の有無などによって押出し圧力，押出し材の寸法精度および表面性状などに大きく影響を及ぼすため注意を要する．

2.4　引抜き

鍛造に次ぐ古い歴史を持った技法で，紀元前に，金を打ち延ばして薄くした後，細く裁断し，小さな穴に通して細い金線をつくったという．現在，日本で

は鋼の全生産量の約2割が**引抜き**(drawing)加工で線や棒材が生産されている.

前節の押出しに対して,力の付加方向が異なる以外,工程には類似点が多い.また線の引抜きは「伸線」または「線引き」と呼ばれることが多い.

2.4.1 引抜きの基礎

引抜きは,図2.17に示すように,ダイス(工具)にあけた先細りの穴に材料を通して,その軸方向に引張り断面積を減少させて,線,棒および管材をつくる加工法である.

引抜きの種類は,図2.17(a)の中実材の引抜きと,(b)中空材(パイプ)の引抜きに大別される.前者は,所要の穴断面を有する穴ダイス引抜き,また2個あるいは4個の自由に回転するローラ間を通すローラダイス引抜きなどがある.後者は,中空材の穴ダイス引抜きであり,**空引き**(sinking)(b)と呼び,内面に拘束がないため,肉厚の調整が難しい.これに対して,同図(c)は**マンドレル引き**(mandrel drawing)と呼ばれるもので,内径はマンドレルによって制御されるため,肉厚が減少でき,また調整も容易である.別名,心金引きとも呼ばれ,小径あるいは薄肉パイプなどの引抜きに多用される.そのほか,浮きプラグ引きなどがある.

いずれの場合も,ほとんど冷間(常温)で加工され,比較的細い線材が高速で引抜き加工できる.たとえば,アルミニウムや銅の場合,直径10 μm までの線材,ステンレス鋼の場合,直径0.5 μm までの細線ができる.

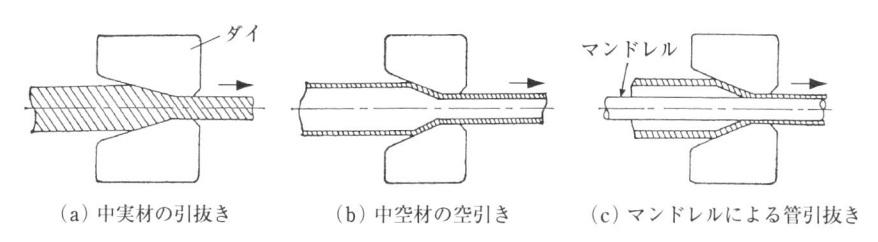

(a) 中実材の引抜き　　(b) 中空材の空引き　　(c) マンドレルによる管引抜き

図2.17 棒(線)の引抜き加工の種類

2.4.2 材料の流れと変形挙動

図2.18に,引抜き加工における材料の変形挙動を示す.材料の中心部は,半径方向(ダイス)の圧縮応力と軸方向(長さ方向)の引張応力によって軸方向

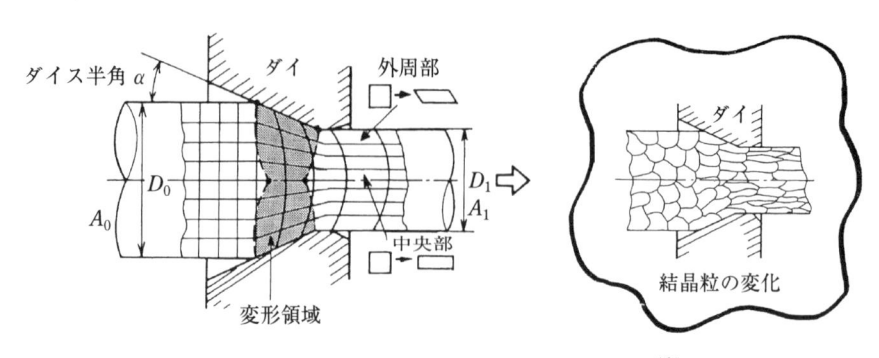

図2.18 引抜き加工による材料の流れと変形[10]

に大きく延伸する．これに対し，外周部は，せん断応力の作用でせん断ひずみを受けて変形する．この変形が連続的に進行して引抜き加工が完了する．

通常，棒材の引抜きには角度の小さいダイスが用いられ，パイプ・管材を引き抜く場合は，断面径の減少を大きくするために角度の大きい円錐形ダイスがよいといわれている．また，ダイス角，断面減少率，素材の変形抵抗，摩擦係数などによって引抜き力，引抜き材の寸法精度および表面性状などに大きく影響を及ぼす．

2.3節の押出しでは，加工度の表示に押出し比を用いるが，引抜き加工では，それに相当する表示はない．通常，**断面減少率** R（reduction in area）

$$R = \left[1 - \left(\frac{D_1}{D_0}\right)^2\right] \times 100 \ (\%)$$

または，

$$R = \left(1 - \frac{A_1}{A_0}\right) \times 100 \ (\%)$$

で表示する．ここで，A_0, D_0：素材の断面積および直径，A_1, D_1：引抜き材の断面積および直径である．

また，材料を引抜き加工する際，引き抜かれる材料の弾性限を超えた荷重で引き抜くことはできない．したがって，1回の引抜きで大きな断面減少率を設定することは難しく，通常，20～40％（材料，材質によって異なる）の範囲で

ある．大きな変形を与えるには，断面積を変えた数個以上のダイスを用いて，順次，断面積を減少させて引き抜くことが最も重要となる．

このとき，n 回以上のパス回数で，直径 D_n の棒材が得られたと仮定すると，断面減少率は，

$$R_n = \left[1 - \left(\frac{D_n}{D_0} \right)^2 \right] \times 100 \quad (\%)$$

で表される．

また，引抜きでは押出しと違って，材料をコンテナ一杯に充填して引き抜けないため，比較的簡単な形状の製品に限られるなどが弱点である．

2.4.3 引抜き限界

図 2.18 に示したように，ダイス穴に材料を通してその軸方向に引張り，ダイスの内壁から作用する圧力で材料に塑性変形を生じさせて断面積を減少する．このときの基本的な力学関係，すなわち引抜き応力は，引抜きに要する荷重（引抜き力）をダイス出口の断面積で割った値で求められる．これに対して，多用されている G. Sachs の理論がある．

ここでは，ダイスの軸に垂直な断面では応力状態は等しく，さらに材料とダイス壁面との接触面上では摩擦力あるいは摩擦係数 μ はどこでも等しいと仮定する．図 2.18 のように直径 D_0（断面積 A_0）の丸棒をダイス角 2α の円錐形ダイスを通して，直径 D_1（断面積 A_1）の棒に引き抜く場合を検討する．

引抜き応力 σ は，

$$\sigma = Y \left(1 + \frac{1}{B} \right) \left\{ 1 - \left(\frac{D_1}{D_0} \right)^{2B} \right\}$$

また，引き抜き限界 $(D_0^2 - D_1^2)/D_0^2$ は，$1 - \{1/(1+B)\}^{1/B}$ で表される[11]．ここで，Y：降伏応力，B：$\mu \cot \alpha$，D_0，D_1：引き抜き前後の材料直径，μ：摩擦係数，α：ダイス半角である．

また，引き抜き応力に及ぼすダイス半角の影響は，材料の種類や断面減少率などと深い関係にあるが，同一条件下では，ダイス半角が大きくなると引抜き応力も増加する傾向にある．このときの最大の断面減少率を **引抜き限界**（drawing limit) という．

2.4.4 引抜き材の特性と欠陥

一般に，欠陥の発生箇所から，表面欠陥と内部欠陥に大別できる．前者の表面欠陥は，チェックマークと呼ばれる欠陥で，表面近傍に残留する介在物や過剰な酸化物によるV字形の表面きずである．また，加工前に材料が硬いものに接触して生じたきずが，加工中に成長し，表面や品質などに不良あるいは破断を生じるすりきずや打ちきずなどがある．

後者の内部欠陥は，引抜きを繰り返す，すなわちパス回数を多く採ることによって材料の加工硬化が一段と進み，延性が低下する．このため，パス回数が多くなると引抜き材の中心部に割れ（クラック）が発生しやすくなる．その概要を図2.19に示す．一般に，**カッピング**（cupping defect）または**シェブロンクラック**（shevron crack）と呼ばれ，材料内部に生じるV字形の割れを指し，問題視されている．

この対策として，断面減少率を大きく，ダイス角を小さく，摩擦力を小さくすることで，割れの発生が抑制できる．そのほか，横割れ（ひずみ時効が進行して脆化し割れる現象）などがある．

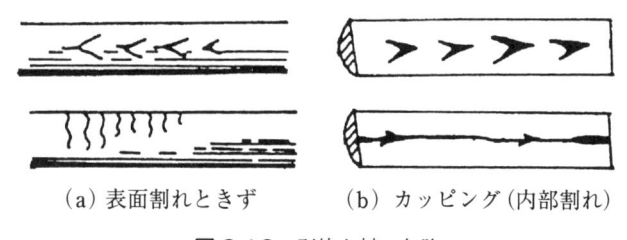

(a) 表面割れときず　　(b) カッピング（内部割れ）

図2.19　引抜き材の欠陥

2.5 鍛　造

材料の一部または全体を工具によって押しつぶすことによって，所要の形状と寸法の製品をつくる加工法である．古代において，石斧を手工具として金属を叩き武具や食器をつくったことから始まる．現在は，大型品を鋳魂から鍛錬して成形する一次・二次加工を兼ねた鍛造をはじめ，圧延や押出しで得た材料を二次加工する鍛造などから構成される．

2.5.1 鍛造の基礎

鍛造(forging)は,図2.20に示す平らな工具あるいは型を付与した工具で材料(素材)を圧縮し,変形させる加工法である.前者を**自由鍛造**〔open die forging,図(a)〕,後者を**型鍛造**〔die forging,図(b)〕と呼ぶ.また,材料を加熱して加工する場合を**熱間鍛造**(hot forging)と呼び,これに対して,常温(室温)で加工する場合を**冷間鍛造**(cold forging)という.

図2.21に,熱間型鍛造の製品例を示す.さらに加工力を加える方式により,据込み鍛造,押出し鍛造,回転鍛造などの種類がある.図2.22に,その代表例を示す.

最も多用されている型鍛造は,目的の表面形状を有する金型を用いて,材料の表面を同時または逐次,加圧し,変形させ,金型形状になじませる手法と,材料を金型キャビティへ充填させて,目的の形状を付与する手法がある.これらの方法に,密閉型鍛造,半密閉型鍛造がある.

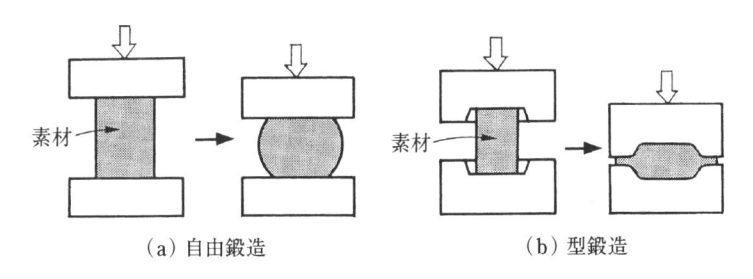

(a) 自由鍛造 　　　　(b) 型鍛造

図2.20　自由鍛造と型鍛造の基本

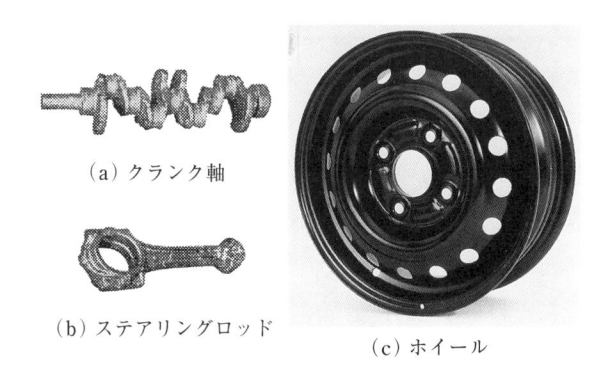

(a) クランク軸

(b) ステアリングロッド

(c) ホイール

図2.21　熱間型鍛造の製品例

(a) 据込み　(b) 広げ　(c) 伸ばし

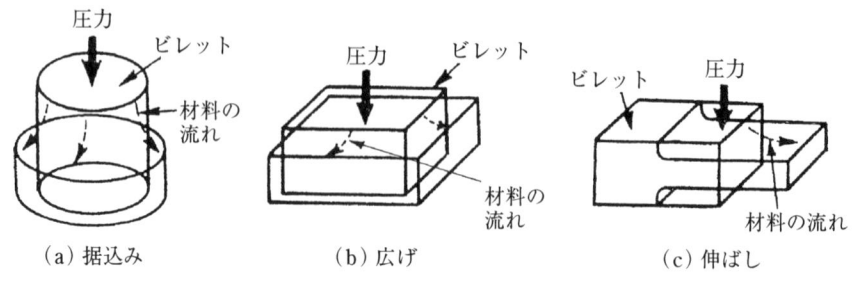

図 2.22　変形様式による鍛造の分類

　また，金型を用いて材料を変形させる工程から，据込み，ヘッディング，コイニングなどは，広義で型鍛造と同類である．型鍛造は，寸法精度の優れた製品を高速で大量に製造できるのに対し，自由鍛造は，比較的小さな容量の機械で加工でき，多品種少量生産に適している．

　ここで，鍛造に要する圧力は，摩擦を考慮した平面ひずみ圧縮のスラブ法（平均応力法）で解析することが多いのに対して，次の簡略化した式で概算値が求められる．

$$F = cYS$$

ここで，c：拘束係数（1.2～2.5），Y：変形抵抗，S：接触部投影面積である．

　また，変形の割合を示す目安として鍛造比がある．これは，円柱の加工前後の断面積を A, a，および長さを L, l とすると，A/a または l/L で表示でき，縦方向のじん性値（伸び，衝撃値など）は，偏析の程度に関係なく，比は3～4まで増加し，横方向は比2で最大となる．

2.5.2　材料の流れと変形挙動

　自由鍛造は，図 2.20 (a) のように，最も単純で上下（または左右）両方向から圧縮荷重を加えて押しつぶす方法である．この自由鍛造を利用した一つの方法として，図 2.22 (c) の開放型による自由鍛造がある．これは，材料の軸に垂直な方向から部分的に圧縮を加え，断面積を減少させながら軸方向に伸ばす手法で，**伸ばし**（drawing）という．これに対して，型鍛造は，図 2.20 (b) のように，加圧によって材料を強制的に金型キャビティ内に充満させて，所要の形状をつくる方法である．

　前者は，表面が平面あるいは曲面を有する工具（パンチ）で材料を叩き（プレ

ス），逐次，繰返し圧縮を受けて変形する．この場合，幅方向の変化は少ない．また後者は，金型のボス部などの端部まで材料が流動して成形される．このとき，金型構造と材料流れを考慮して余剰材料をフラッシュ部（型のすき間）から流出させ，形状精度と強度の向上を図る．流出した材料はバリと呼び，後にトリミングする．

このように，鍛造は材料の変形能を損なうことなく大変形ができ，そのうえ，脆い材料を**鍛錬**（forging）して強じんにすることができる．ここで，鍛錬とは，鋳造組織を持つ素材に熱間鍛造などの大変形を与えて，空孔や偏析などの内部欠陥を消滅させると同時に，結晶粒を微細化し機械的性質の向上を図る手法のことである．

また，**図2.23**に示す組合せ鍛造の技術がある．これは，左右両方向から軸方向に圧縮（軸力）した後，垂直方向からせん断力を加えて曲げ加工を行う技術である．これは，材料の降伏荷重と同程度の圧力を加えた場合，その直角方向に変形させるために要する力 σ は微小でよいことになる．このような複合技術あるいは複合加工による製品は，ますます増えるだろう．

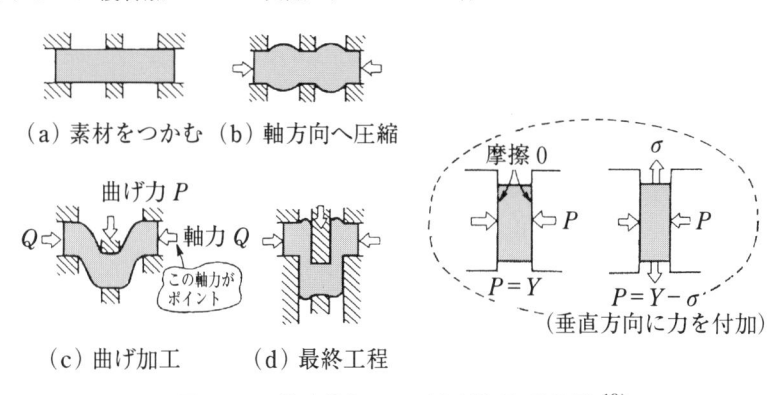

(a) 素材をつかむ　(b) 軸方向へ圧縮

(c) 曲げ加工　　(d) 最終工程

図2.23　複合技術による鍛造例（相乗効果）[12]

2.5.3　鍛造の特性と不良現象

冷間鍛造（再結晶温度以下で行うもので，通常は室温で行う鍛造をいう）された製品は，寸法精度が極めて高く後加工なしで利用できることが特徴である．また生産速度が高いため，小形部品の大量生産に最も適する加工である．

冷間鍛造では問題ないが，熱間鍛造（再結晶温度以上で行う鍛造）の場合，表

面には酸化スケール（酸化物，皮膜の類）が生じ，特にC（炭素）の多い鋼材では表面脱炭が生じやすい．また，加熱温度が高すぎると，表面から内部に向かって結晶粒界が酸化し，微細な割れが生じたり，結晶粒粗大化が生じる．なお，結晶粒の成長現象は，冷間鍛造後の焼なましで，ひずみが小さい領域でも同様に生じる．

さらに鍛造中の応力状態，すなわち静水圧成分が低い場合に，材料内部で微小空孔が生じ，割れが発生することがある．この現象は，冷間鍛造では，加工硬化のために起こりやすい．

また，鍛造中に材料から受ける熱衝撃や大変形に伴う潤滑膜切れ，摩擦熱などが加わり，工具面にだれや摩耗および工具欠損などが生じやすくなるため，最適な加工条件を選ぶことが重要である．また，この工程では騒音や振動が大きいため，環境整備には十分配慮する必要がある．

2.6 せん断

目的に応じた形状の工具を用いて板材や棒材を切断あるいは分離する加工法の総称をせん断（加工）という．工程は単純で，生産性が高いため，プレスの工

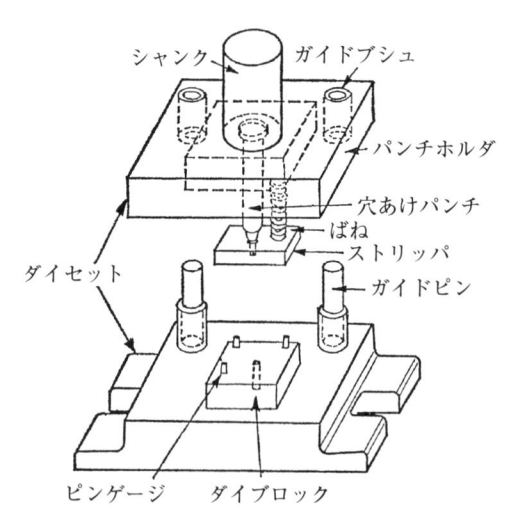

図2.24 せん断加工に用いる金型の一例

程で多用される．本節は，板材のせん断加工について概説する．

2.6.1 せん断の基礎

せん断に用いる金型の一例を図2.24に示す．通常，切れ刃を有するパンチとダイスをダイセットに固定し，軸（心）合わせした後，このダイセットをプレスに取り付けて，クランクの下降運動によってせん断を行う．

このせん断加工の代表的な手法として，図2.25に示すように，**打抜き**〔blanking, 図(a)〕，**穴あけ**〔punching, piercing, 図(b)〕，**せん断**〔shear, 図(c)〕，**分断**〔parting, 図(d)〕などがある．

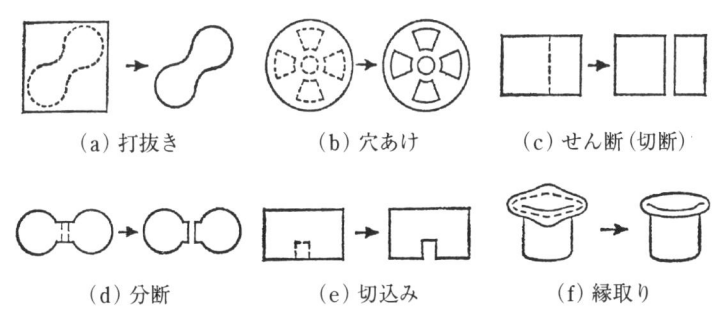

(a) 打抜き　　(b) 穴あけ　　(c) せん断(切断)

(d) 分断　　(e) 切込み　　(f) 縁取り

図2.25　せん断加工の種類[13]

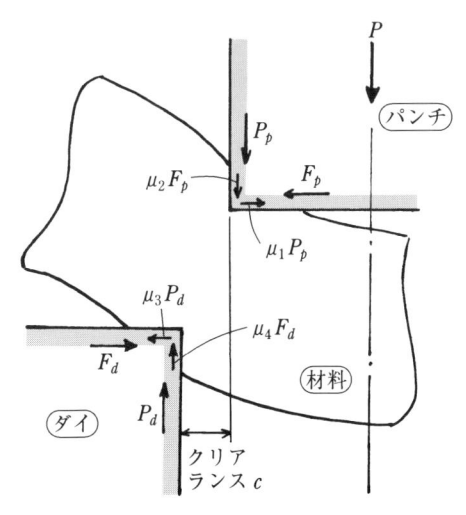

図2.26　パンチとダイス刃先より材料に作用する力[13]

せん断加工中における材料の変形例を**図2.26**に示す．パンチが下降して材料に接触し，さらに進行すると押しつぶされたように変形する．その後，材料が降伏し，パンチが材料内に食い込み，せん断変形を受ける．

ここで，$\mu_1 \sim \mu_4$ をパンチおよびダイスの面における摩擦係数とすると，パンチ面には P_p，$\mu_1 P_p$，およびダイス面には P_d と $\mu_3 P_d$ が作用する．また，パンチ（側面）には F_p と $\mu_2 F_p$，およびダイス（側面）には F_d と $\mu_4 F_d$ が作用する．したがって，パンチには $P = P_p + \mu_2 F_p$（または $P = P_d + \mu_4 F_d$）の加工力が作用する．この P を**せん断荷重**（shearing force）あるいは**打抜き力**（blanking force）という．

一方，パンチの横方向には，S_p（パンチ側方力）$= F_p - \mu_1 P_p$ およびダイスには，S_d（ダイス側方力）$= F_d - \mu_3 P_d$ が作用する．その後，パンチの進捗と同時に材料は極めて大きな引張変形（ひずみ）を受け，限界を超えると，その部分から微小クラックが発生し，そのクラックが成長して，やがて破断（分離）に至る．

このとき，せん断力の最大値 $P_{n\max}$ を材料のせん断切り口の全断面積で割った値を**せん断抵抗** F_s（N/mm^2）という．また，せん断に要する最大せん断荷重 $P_{\max}$ は，

$$P_{\max} = F_s t l$$

で表示される．ここで，t：板厚（mm），l：せん断切り口の外周長さ（mm）である．

2.6.2 材料の流れと変形挙動

一般に，板のせん断切り口面の性状は，**図2.27**のようになる．だれ（shear

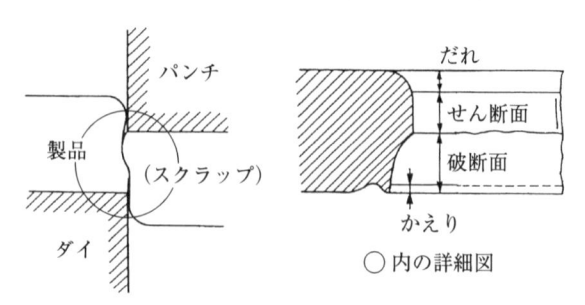

図2.27 せん断切り口の形状

droop), **せん断面** (burnished surface), **破断面** (fractured surface), **かえり** (burr) の四つの部分から構成される．パンチが材料に食い込むとき，自由表面のため，塑性変形でだれが生じ，食込みが進行すると，型の側面が切り口面をこするため，せん断面となる．

また，延性のある材料では，クラックがパンチ刃先より側面側に生じたときは，かえりができる．いずれの場合も，クラックが成長する方向は，材料，パンチ，ダイスおよび板抑えなどで拘束されているため，パンチの進行方向と幾分傾いている．このとき，**クリアランス**(clearance) c が小さすぎるとクラックが合致せず，逆に大きすぎても，かけ離れて合致せず，切り口面の性状が変わる．**図2.28**に，クリアランスの大小とクラックの成長例，また**表2.2**に，

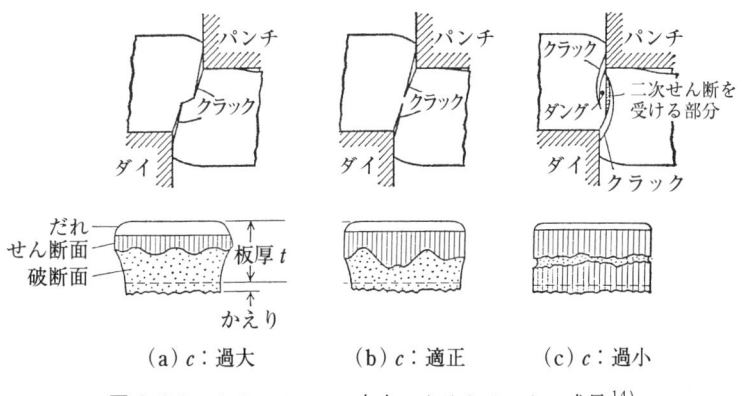

図 2.28 クリアランスの大小によるクラックの成長[14]

表 2.2 各種のせん断変形抵抗とクリアランス（通常）[14]

材料	せん断変形抵抗, N/mm^2	クリアランス c/t, %
軟鋼	320～400	6～9
硬鋼	550～900	8～12
ステンレス鋼	520～560	7～11
銅（軟質）	250～300	6～10
銅（硬質）	180～220	6～10
アルミニウム（硬質）	130～180	6～10
アルミニウム（軟質）	70～110	5～8

せん断変形抵抗とクリアランスの一例を示す.

2.6.3 せん断加工の特性と精度

せん断切り口面は，だれ，破断面，かえりなどがなく，すべてが平滑面であることが理想であるが，材料の板厚やクリアランスの大小で大きな影響を受ける．そのため，**精密せん断加工法**（fine blanking），シェービング加工法，対向ダイスせん断法などが考案され実用化されている．前者は，突起付きの板押さえとダイスで材料を拘束し，逆押えで背圧を付加しながらせん断を行う方法で，クラックの発生と成長が抑制され，平滑な切り口面が得られる．

そのほか，棒材のせん断法もあり，精度の高い製品を得るために，型の設計や加工法について工夫されている．

2.7 曲 げ

曲げ（bending）は，変形に要する圧力や変形量も少なく，板材加工の中でも最も多用されている．この加工法は，いかなる材料にも容易に適用できる利点があり，得られたデータは各種の加工法に利用される．

2.7.1 曲げの基礎

板の曲げ加工の基本は，**図 2.29** に示すように，上下一対の型をプレスに取

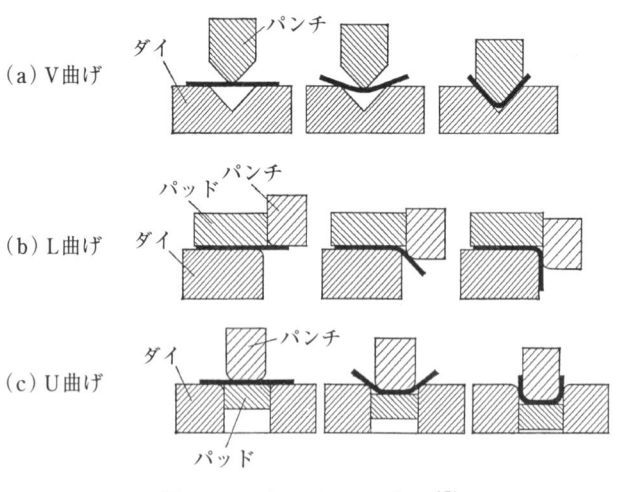

図 2.29 主なプレス型曲げ[15]

2.7 曲 げ （ 39 ）

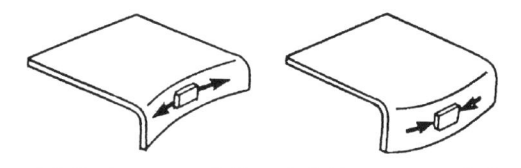

(a) 伸びフランジ成形　(b) 縮みフランジ成形

図 2.30　フランジ成形の種類

り付けて曲げを行う **型曲げ**（die bending）が主流である．曲げ加工した製品の断面形状によって，V 曲げ〔図 (a)〕，L 曲げ〔図 (b)〕および U 曲げ〔図 (c)〕の種類がある．

　これらの曲げ線は直線であるが，曲線を伴うものもあり，前者の直線曲げに対して，後者を伸びフランジ成形，縮みフランジ成形と呼ぶ．その概要を**図 2.30**に示す．

　さらに，型曲げに対して，数個以上のローラを用いて一定の曲率に板を曲げる加工（ロール曲げ）もある．大形の断面形状を有する円管や溶接鋼管などに用いられる．

2.7.2　材料の流れと変形挙動

　曲げ加工による板の変形は，図 2.31 に示すように，外側表面は曲げ線に対して直交方向に伸び，内側では縮む．このため，曲げ線に沿って横ひずみが生

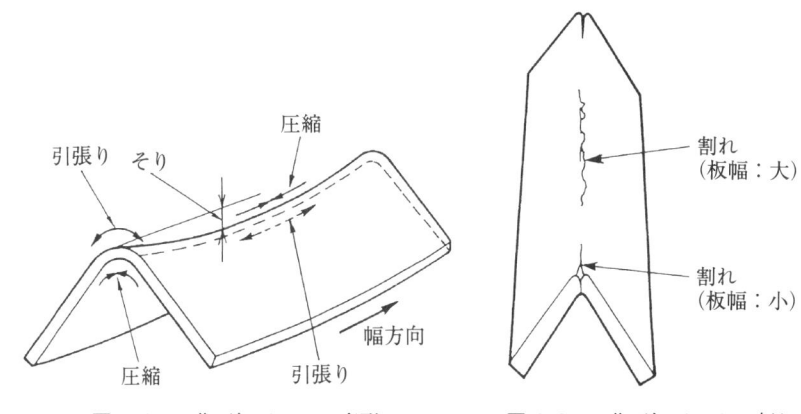

図 2.31　曲げ加工による変形

図 2.32　曲げ加工による割れ

じ，曲げの稜線に **そり**（camber）が発生する．また，**図2.32**に示す割れは，b/t〔b：幅（曲げ幅），t：板厚〕が大きい，すなわち広幅の板の場合は，幅方向の変形が拘束されて2軸引張状態となるため，幅中央部分に割れが生じる．

これに対して，b/tの小さい板の場合は，幅方向に自由に変形できるため，板端部の応力集中部から割れが生じる．

2.7.3 曲げの不良現象と対策

図2.33のように，板材を所定の角度まで曲げた後に型から取り出すと，曲げ角が幾分戻る．これは材料の弾性回復によるもので，**スプリングバック**（spring back）といい，スプリングバック量$\varDelta\theta$は，

$$\varDelta\theta = \theta_1 - \theta_2$$

で示される．このスプリングバック量の大小は，製品精度を左右するもので最も重要である．このスプリングバック量は，材料によって異なるが，同一材料であれば曲げ半径rと板厚tの比r/tが大きいほど$\varDelta\theta$は大きくなる．また，材料の縦弾性係数が小さいほど，またn値が大きいほど$\varDelta\theta$は大きくなる．

したがって，これらの対策の一つとして，戻り量を加味した曲げ角を採用し，回復後に所要の角度を確保できるような工夫もある．

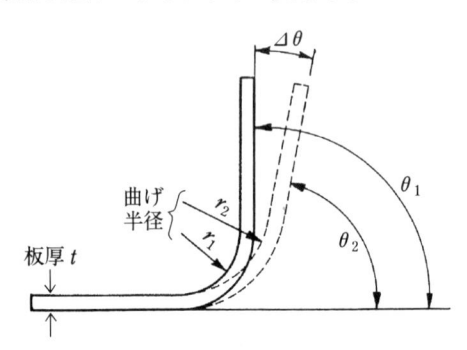

図2.33 曲げ加工によスプリングバック（θ_1：負荷時の曲げ角，θ_2：除荷時の曲げ角）

2.8 絞り

平板の材料から底付きの容器をつくる場合に用いる加工法を**深絞り加工**（deep drawing）という．板材の成形能力を判断するうえで重要な役割を持つ．

本節では，深絞り加工のみを取り扱い，類似の管材のバルジ成形や口拡げなどは扱わない．

2.8.1 絞りの基礎

深絞り加工は，図2.34に示すように，パンチを用いて素板（材料）をダイスの穴の中に押し込み（絞り込むという），素板の外径を縮めながら底付きの容器をつくる加工法である．その絞り例（円筒深絞り）を図2.35に示す．

この工程で，素板（ブランクと呼ぶ）の直径 D_0 が大きいほど，絞り力（パンチ力）P は大きくなる．また，D_0 がある値に到達すると，絞り力が材料の塑性破断強度に達して割れ（破断）が生じる．ここで，割れを生じることなく深絞

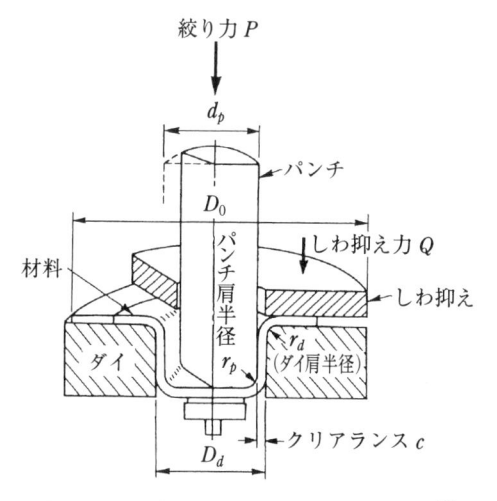

図2.34 深絞り工具の概要と部品の名称[16]

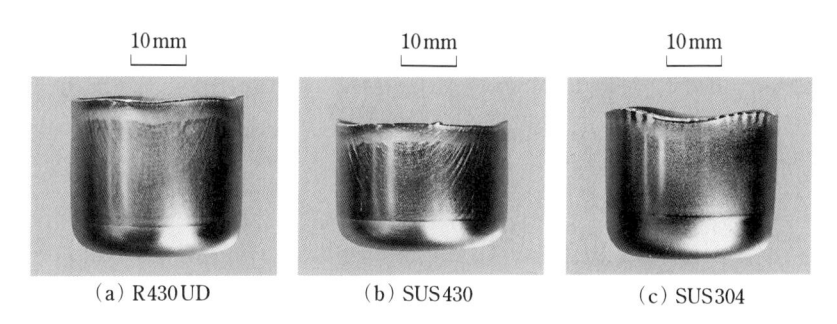

(a) R430UD (b) SUS430 (c) SUS304

図2.35 深絞りの製品の一例（円筒絞り）

りできる最大の素板直径 D_0 とパンチ直径 d_p の比 D_0/d_p を **限界絞り比 LDR** (limiting drawing ratio) という．LDR は，絞り加工の可能性を示す指標として多用されており，この値が大きい材料ほど深絞り性がよい．

2.8.2 材料の流れと変形挙動

深絞り加工では，図2.36に示すように，パンチの下降とともに素板の外径が縮み，フランジ部では半径方向に引張応力 σ_r，円周方向に圧縮応力 σ_t が生じる．その後，ダイス肩部では，半径方向の引張変形が進む中で円周方向の縮み変形と半径方向の曲げ変形を同時に受け，板厚を減少させながら側壁部を形成する．このとき，素板はダイスに擦れて摩擦抵抗が生じ，$\mu\sigma_t$ が加わる．

ダイス側壁部の材料は，引張りと圧縮変形などが作用し，最終的にパンチ底部では面内のいずれの方向でも引張変形を受ける，すなわち，2軸引張状態を呈する．さらに，板厚を減少させながらパンチ肩部の方へ移動する張出し成形を受けている．

また，絞り性の良否を表す一つの尺度として r 値（r-value, lankford value）を用いることが多い．r 値は，単軸引張試験における板幅方向対数ひずみ ε_b と板厚方向対数ひずみ ε_t の比 r で定義される．

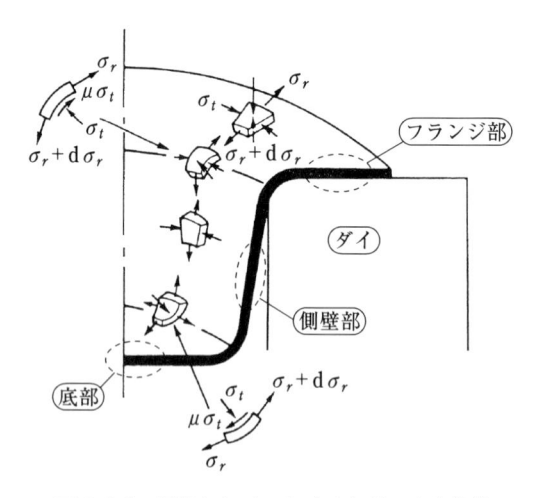

図2.36 深絞り加工における各部の応力状態

$$r = \frac{\varepsilon_b}{\varepsilon_t} = \frac{\ln(b_0/b)}{\ln(t_0/t)}$$

ここで，引張試験前後の板幅 b_0, b および板厚 t_0, t である．これは，板面内と板厚方向との変形のしやすさが異なるために生じるもので，板厚異方性を表す指標となる．一般に，絞り製品では r 値の大きい方向に山（凸）となり，小さい方が谷（凹）となる．また，理想的な等方性材料では $r=1$ である．

2.8.3 絞り製品の特性と不良対策

絞り加工は，ジュースやビールの缶をはじめ，やかん，鍋，流し台，浴槽，家電製品および自動車のボディなどに多用されている．

この絞り加工では，フランジ部に円周方向の圧縮応力が生じるため，**しわ**（puckers, wrinkles）が発生しやすい．その一例を図2.37に示す．このしわ防止のため，しわ抑え力（フランジ部に圧力を掛ける）を付加しながら絞りを行う．このしわ抑え力が大きすぎると，材料がダイスの穴に流動することが難しく，やがて破断する．したがって，しわ抑え力は絞り力（パンチ力）よりも小さいことが望ましい．

また，パンチとダイスのすき間，すなわちクリアランスは，それが大きい場合は，パンチの下降とともに絞り込まれていく．逆に小さい場合は，円周方向の変形がパンチで阻止されるため，半径方向と板厚方向のみの平面ひずみ状態

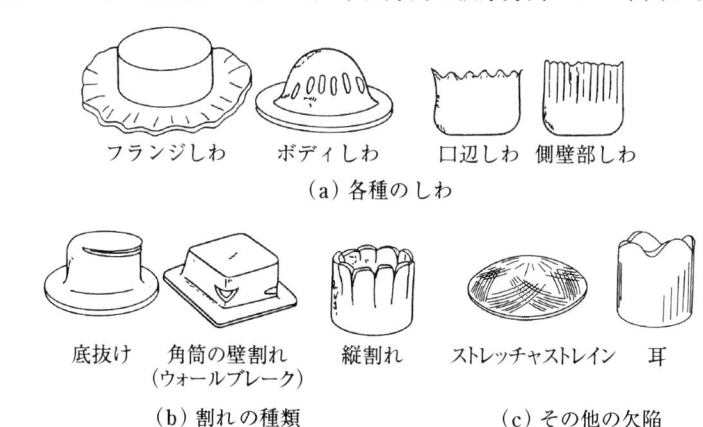

フランジしわ　ボディしわ　口辺しわ　側壁部しわ
(a) 各種のしわ

底抜け　角筒の壁割れ（ウォールブレーク）　縦割れ　ストレッチャストレイン　耳
(b) 割れの種類　　　　　　　　　　　(c) その他の欠陥

図2.37　絞り製品の不良例[17]

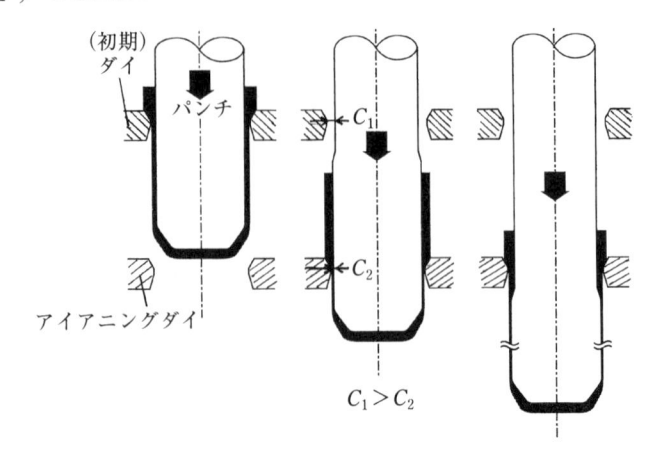

図2.38 DI缶のしごき加工の例〔狭いパンチとダイのすき間（クリアランス C_2）に缶材を押し込むことで，しごき加工ができる〕

となり，側壁部が極薄に延ばされるかあるいは破断する．前者を巧く利用した絞り加工を**しごき加工**（ironing）と呼び，深い容器を製造する場合に利用される（図2.38）．

2.9 その他の加工

そのほか，転造，スピニングなどの加工法があり，工業界に大きく貢献している．**転造**（form rolling）は，図2.39（a）に示すように，棒材を回転させて工具により局部的あるいは全体に変形を与え，所要の形状を造る回転加工である．この方法で，ボルトやねじなどを製造する．

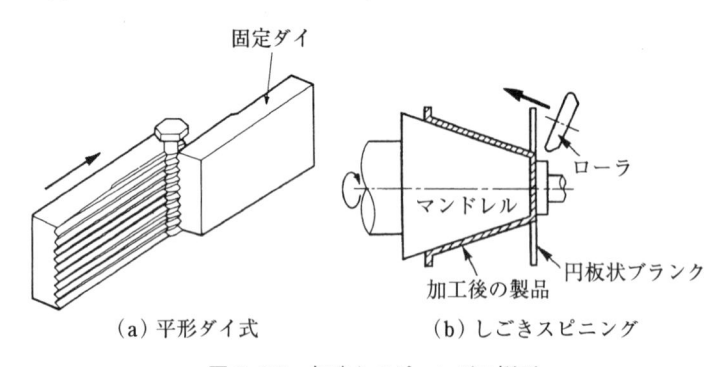

図2.39 転造とスピニングの概要

また，**スピニング**（spinning）は，図 2.39 (b) に示すように，円板上のブランクをマンドレル（心金）に取り付けて回転させ，ローラで押し付けて所要の形状に加工する方法である．押付け工具にへらを用いると，へら絞りという．この方法で，トランペットの先端部（朝顔）など，テーパが付いた製品の成形などに用いる．

2.10 塑性加工の力学

塑性加工に伴う力学の構成式は極めて複雑であり，その構成式も非線形のため，変形増分を逐次追っていかなければならない．

本節では，難しい構成式や解析から離れ，物体内に生じる単純な応力状態を十分に理解し，塑性力学の入門としての基礎を習得する．

2.10.1 材料内部の二次元応力状態（主応力，主せん断応力）

物体に荷重が作用する場合，物体内部のある面の応力は，その面に垂直とは限らない．通常は面に傾いた状態で応力が生じる．

たとえば，**図 2.40** に示す長方形板材に，引張応力 σ_x, σ_y，せん断応力 τ_{xy} が作用するとき，各辺に作用する力の成分は，次のようになる．

△ABC において，

　　　辺 AB に作用する x 方向の力 ： $\tau_{xy}\overline{\mathrm{AB}}$ 　　　　……①
　　　　　　　　　　y 方向の力 ： $\sigma_y\overline{\mathrm{AB}}$ 　　　　……②
　　　辺 BC に作用する α 方向の力 ： $\sigma_\alpha\overline{\mathrm{BC}}$ 　　　　……③

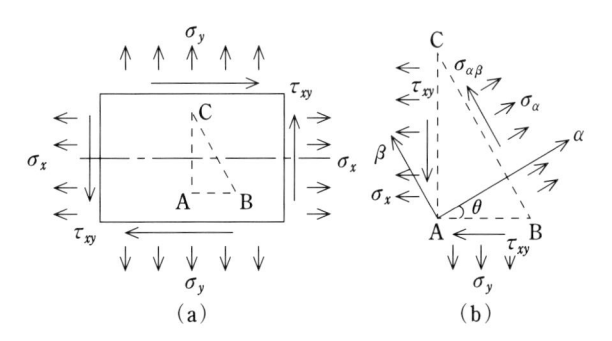

図 2.40　長方形板に引張応力 σ_x, σ_y，せん断応力 τ_{xy} が作用する場合

β 方向の力：$\tau_{xy}\overline{BC}$ ……④

辺 CA に作用する x 方向の力：$\sigma_x\overline{CA}$ ……⑤

y 方向の力：$\tau_{xy}\overline{CA}$ ……⑥

となる．

辺 BC に作用する α 方向の力は，辺 AB と辺 CA に作用する力の α 方向成分と等しいことから，③ = (⑤ + ①) $\cos\theta$ + (⑥ + ②) $\sin\theta$ である．

したがって，

$$\sigma_\alpha = \sigma_x\cos^2\theta + \sigma_y\sin^2\theta + 2\tau_{xy}\cos\theta\sin\theta \qquad \cdots\cdots ⑦$$

同様に，辺 BC に作用する β 方向の力は，辺 AB と辺 CA に作用する力の β 方向成分と等しいことから，④ = (⑤ + ①) $\sin\theta$ − (⑥ + ②) $\cos\theta$ となる．

したがって，

$$\tau_{\alpha\beta} = (\sigma_x - \sigma_y)\sin\theta\cos\theta - \tau_{xy}(\cos^2\theta - \sin^2\theta) \qquad \cdots\cdots ⑧$$

となる．

以上より，二次元状態の**応力変換式**は，式⑦と式⑧で与えられる．また，上式の関係はモール円によって図示できる．さらに式⑦と式⑧は，傾き θ によって変化する．たとえば，式⑦の最大・最小については，$d\sigma_\alpha/d\theta = 0$ から求められる．すなわち，

$$\tan 2\theta = \frac{2\tau_{xy}}{\sigma_x - \sigma_y} \qquad \cdots\cdots ⑨$$

となる．これを満足する θ は，$\theta = 0 \sim \pi$ の間に二つある（θ の最大と最小には 90° の差がある）．

ここで，式⑨を満足する θ の値を式⑦に代入すると，主応力が求められる．すなわち，

$$\begin{bmatrix}\sigma_{\max}\\ \sigma_{\min}\end{bmatrix} = \frac{\sigma_x + \sigma_y}{2} \pm \frac{1}{2}\sqrt{(\sigma_x - \sigma_y)^2 + 4\tau_{xy}^2} \qquad \cdots\cdots ⑩$$

となる．

一方，式⑧から，$d\tau_{\alpha\beta}/d\theta = 0$ を調べると，

$$\tan 2\theta = -\frac{\sigma_x - \sigma_y}{2\tau_{xy}} \quad \cdots\cdots ⑪$$

が得られる．この式を満足する二つの θ から，τ が最大・最小値をとる．

したがって，

$$\tau = \frac{1}{2}\sqrt{(\sigma_x - \sigma_y)^2 + 4\tau_{xy}^2} \quad \cdots\cdots ⑫$$

となる〔主応力：$\sigma_1 > \sigma_2 > \sigma_3$ の場合，$\tau = (\sigma_1 - \sigma_3)/2$ となる〕．この τ が**主せん断応力**であり，モール円の半径に等しい．

2.10.2 降伏条件（塑性条件）の基礎

図2.41のように，ある物体に一軸応力 σ_1 が作用するとき，この応力軸に対して θ の傾きを持つ面Pに生じる合応力 S，垂直応力 σ は，次のようになる．

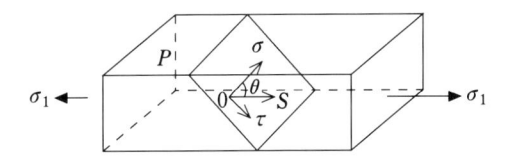

図2.41　1軸応力下の面と応力

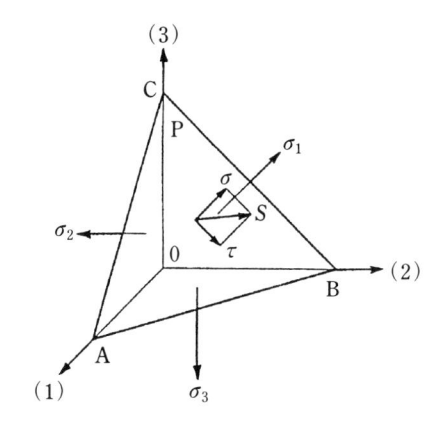

図2.42　3軸応力を受ける材料内の面と応力

ここで，$l = \cos\theta$ とすると，

$$S = \sigma_1 \cos\theta = \sigma_1 l \qquad \cdots\cdots ①$$
$$\sigma = S\cos\theta = \sigma_1 \cos^2\theta = \sigma_1 l^2 \qquad \cdots\cdots ②$$

で表示できる．

上記を参考にして，**図 2.42** に示す3軸応力を受ける材料内の応力と面を考察してみよう．すなわち，3主応力 σ_1, σ_2, σ_3 が作用するとき，この応力軸に対して方向余弦 l, m, n の面 P に生じる合応力 S，垂直応力 σ，せん断応力 τ は，次のようになる．

$$S^2 = (\sigma_1 l)^2 + (\sigma_2 m)^2 + (\sigma_3 n)^2 \qquad \cdots\cdots ③$$
$$\sigma^2 = \sigma_1 l^2 + \sigma_2 m^2 + \sigma_3 n^2 \qquad \cdots\cdots ④$$

上式から，

$$l^2 + m^2 + n^2 = 1 \qquad \cdots\cdots ⑤$$

となり，

$$\tau^2 = S^2 - \sigma^2 \qquad \cdots\cdots ⑥$$

で表示できる．

八面体モデル（**図 2.43**）では，材料内の3主応力軸に等しい傾きの面に沿ったせん断応力が作用することから，

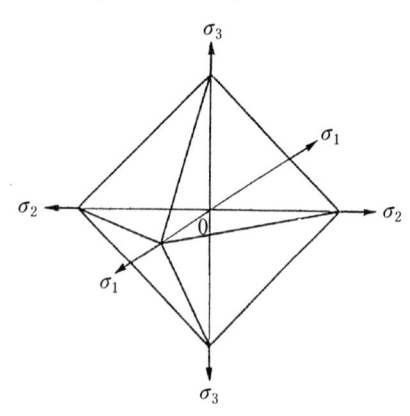

$$l = \pm\frac{1}{\sqrt{3}}, \quad m = \pm\frac{1}{\sqrt{3}}, \quad n = \pm\frac{1}{\sqrt{3}}$$

図 2.43 八面体せん断応力の生じる面

を式⑥に代入し

$$\tau = \frac{1}{3}\sqrt{(\sigma_1-\sigma_2)^2+(\sigma_2-\sigma_3)^2+(\sigma_3-\sigma_1)^2} \quad \cdots\cdots ⑦$$

となる．ここで，τ が一定値に達すると材料は降伏する．したがって，式⑦から，

$$(\sigma_1-\sigma_2)^2+(\sigma_2-\sigma_3)^2+(\sigma_3-\sigma_1)^2 = 一定値$$

となる．

2.10.3 三次元応力状態の降伏条件

延性金属材料の降伏条件として多用されているトレスカとミーゼスの条件式を平易に説明しよう．

トレスカ（Tresca）は，「いかなる応力状態でも，材料内の任意の点における最大せん断応力が材料固有のある限界値に達すると，その点において塑性変形が始まる」という最大せん断応力説を説いた．

たとえば，**図2.44**(a)に示すように，代数学的に最大主応力，最小主応力を σ_{max}，σ_{min} とすると，最大せん断応力 τ_{max} は，

$$\tau_{max} = \frac{\sigma_{max}-\sigma_{min}}{2}$$

となる．この式を

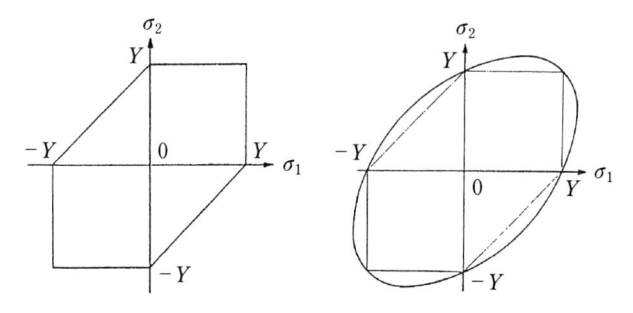

(a) Tresca（最大せん断応力説）の σ_1，σ_2 軸表示　　(b) Mises（八面体せん断応力説）の σ_1，σ_2 軸表示

図2.44　Tresca と Mises の軸力と内圧

$$\frac{\sigma_{\max} - \sigma_{\min}}{2} = C_1 \qquad \cdots\cdots ①$$

とする（C_1：材料定数）．

1軸引張りのときの降伏応力をYとすると，$\sigma_{\max} = Y$，$\sigma_{\min} = 0$を式①に代入して，

$$C_1 = \frac{Y}{2} \qquad \cdots\cdots ②$$

となる．

また，せん断（薄肉円管のねじり）による降伏応力をkとすると，$\sigma_{\max} = k$，$\sigma_{\min} = -k$を式①に代入して，

$$C_1 = k \qquad \cdots\cdots ③$$

となる．C_1は，応力状態とは関係なく，材料によって決まる定数であるため，式②と式③から

$$k = \frac{Y}{2} \qquad \cdots\cdots ④$$

となる．すなわち，トレスカの条件に従う材料のせん断応力は，引張り・圧縮の降伏応力Yの1/2である．したがって，式①は，

$$\sigma_{\max} - \sigma_{\min} = Y \quad \text{または} \quad \sigma_{\max} - \sigma_{\min} = 2k \qquad \cdots\cdots ⑤$$

となる．

また，ミーゼス（Mises）は，「いかなる応力状態でも，材料内の任意の点における八面体せん断応力が材料固有のある限界値に達すると，塑性変形が始まる」という八面体せん断応力説を説いた．

図2.44（b）に示したように，正八面体に働く応力を考えると，図2.42で述べたように，各面は三つの主軸に対して等しい傾斜を持ち，その方向余弦は，$l^2 = m^2 = n^2 = 1/3$である．したがって，

$$\sigma = (\sigma_1 + \sigma_2 + \sigma_3)/3 \qquad \cdots\cdots ⑥$$

$$\tau = \frac{1}{3}\sqrt{(\sigma_1-\sigma_2)^2+(\sigma_2-\sigma_3)^2+(\sigma_3-\sigma_1)^2} \qquad \cdots\cdots ⑦$$

となり，八面体垂直応力 σ は平均垂直応力 σ_m に等しい．

式⑦を，

$$\frac{1}{3}\sqrt{(\sigma_1-\sigma_2)^2+(\sigma_2-\sigma_3)^2+(\sigma_3-\sigma_1)^2} = C_2 \qquad \cdots\cdots ⑧$$

とする．

ここで，1軸引張りの降伏応力を Y とすると，$\sigma_1=Y$, $\sigma_2=\sigma_3=0$ となり，式⑧に代入すると，

$$C_2 = \frac{\sqrt{2}}{3} Y \qquad \cdots\cdots ⑨$$

また，せん断による降伏応力を k とすると，$\sigma_1=k$, $\sigma_2=-k$, $\sigma_3=0$ となり，式⑧に代入して，次式となる．

$$C_2 = \frac{\sqrt{6}}{3} k \qquad \cdots\cdots ⑩$$

式⑨と式⑩から，

$$k = \frac{Y}{\sqrt{3}} \qquad \cdots\cdots ⑪$$

となる．したがって，式⑧は次のようになる．

・引張降伏応力が作用する場合は，
$$(\sigma_1-\sigma_2)^2+(\sigma_2-\sigma_3)^2+(\sigma_3-\sigma_1)^2 = 2Y^2 \qquad \cdots\cdots ⑫$$
・せん断降伏応力が作用する場合は，
$$(\sigma_1-\sigma_2)^2+(\sigma_2-\sigma_3)^2+(\sigma_3-\sigma_1)^2 = 6k^2 \qquad \cdots\cdots ⑬$$

となる．

＜演習問題＞

1. 塑性加工における熱間加工と冷間加工の得失を比較せよ.
2. 代表的な塑性加工法を三つ挙げ，それぞれの加工法の特徴と製品を例示せよ.
3. 塑性加工による異方性について述べ，その対策について知るところを記せ.
4. 塑性加工によって材質改善が見込まれる．具体例を示し説明せよ.
5. 材料の種類によって冷間圧延と熱間圧延の特徴が異なる．具体例を挙げ説明せよ.
6. 平板鋼の圧延で，圧延前後で材料がどのように変形するか，材料表面と断面について，材料の流れを描いて説明せよ.
7. 押出し比 $R=10$，コンテナ断面積 $A=500\ \mathrm{mm}^2$，変形抵抗（平均）$Y_m=100$ MPa，拘束係数 $C=2.0$ の場合の押出荷重 F を求めよ.

[230 kN]

8. 身の回りのもので，押出し加工および引抜き加工によってつくられた製品と，その材料を列挙せよ.
9. 引抜き加工では，材料の変形抵抗と引抜き荷重に密接な関係がある．この関係を説明し，対策を述べよ.
10. 自由鍛造で，素材と工具間の摩擦の有無で変形にどのような差が生じるか，図説せよ.
11. せん断加工では，クリアランスの大きさが重要な因子である．この値の大小によって，どのような不都合が生じるか簡単に述べよ.
12. 同一板材を曲げ加工する場合，幅が狭い方が広い材料より最小曲げ半径が小さくなる．この理由を述べよ.
13. 深絞り加工では，r 値が大きくなると LDR が増加する．この理由を述べよ.
14. $\sigma_x=40\ \mathrm{MPa}$, $\sigma_y=-10\ \mathrm{MPa}$, $\tau_{xy}=40\ \mathrm{MPa}$ が作用する平面応力状態における主応力と最大せん断応力を求めよ.

[62 MPa, −32 MPa, 47 MPa]

15. 1軸引張りの降伏応力 $\sigma_e=300\ \mathrm{MPa}$ の材料に，主応力 $\sigma_1=150\ \mathrm{MPa}$, $\sigma_3=0$ および σ_2 が作用して降伏が生じる場合，このときの σ_2 の値を Tresca と Mises に従って求めよ.

[300 MPa, −150 MPa], [345 MPa, −195 MPa]

参考文献

1) 鈴木　弘 編：塑性加工，裳華房 (1991) p. 105.
2) 鈴木　弘 編：塑性加工，裳華房 (1991) p. 120.
3) 鈴木　弘 編：塑性加工，裳華房 (1991) p. 142.
4) 大矢根守哉：塑性加工学，養賢堂 (1984) p. 17.
5) 川並高雄 ほか：基礎塑性加工学，森北出版 (2004) p. 39.
6) 大矢根守哉：塑性加工学，養賢堂 (1984) p. 23.
7) 川並高雄 ほか：基礎塑性加工学，森北出版 (2004) p. 64.
8) 松岡信一 ほか：日本塑性加工学会北陸支部第13回講演論文集 (2004) p. 13.
9) 日本塑性加工学会 編：塑性加工用語辞典，コロナ社 (1998) p. 13.
10) 日本塑性加工学会 編：塑性加工用語辞典，コロナ社 (1998) p. 18.
11) 日本塑性加工学会 編：最新塑性加工便覧：コロナ社 (2000) p. 79.
12) 川並高雄 ほか：基礎塑性加工学，森北出版 (2004) p. 165.
13) 前田禎三：塑性加工，誠文堂新光社 (1972) p. 208.
14) 鈴木　弘 編：塑性加工，裳華房 (1991) p. 223.
15) 鈴木　弘 編：塑性加工，裳華房 (1991) p. 236.
16) 日本塑性加工学会 編：塑性加工用語辞典，コロナ社 (1998) p. 57.
17) 日本塑性加工学会 編：塑性加工用語辞典，コロナ社 (1998) p. 59.

3. 機械加工

塑性加工は，総じて型を用いて所要の形状・寸法の製品を成形加工する．これに対して，機械加工は，機械エネルギーを利用して工作物の一部を機械的に除去加工する方法である．

本章では，最も多用されている切削，研削加工について，その概要と，加工能率や仕上げ面精度を高めるための方策などを概説する．

3.1 切　削

3.1.1 切削の基礎

工作機械と切削工具（バイト）を用いて，**工作物**（work piece）の不要部分を切り取り，所要の形状と寸法に仕上げる加工を**切削**（cutting）という．

切削は，バイト，ドリル，フライス，ブローチ，ホブなどの切削工具を用いて加工するもので，それぞれ旋削，平削り，形削り，穴あけ，フライス削り，ブローチ削り，ホブ削りなどと呼ぶ．本節では，多用される旋削とフライス削りについて概説する．

旋削（turning）は，回転する工作物（被削材）に対して，**バイト**（single point tool）（**図 3.1**）などの工具に送り運動を与えて切削する作業のことである．一

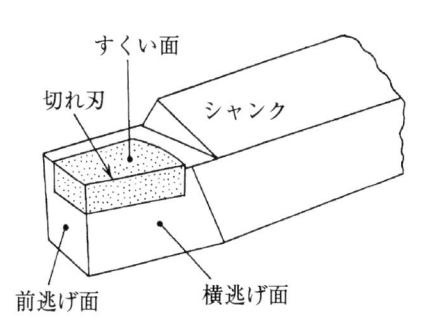

図 3.1　バイトの名称

3. 機械加工

一般に，工作機械には旋盤（図3.2）が用いられるため，切削あるいは旋盤加工と呼ぶことが多い．

旋削加工には，図3.3に示すような種類があり，それぞれの加工に適したバイトを用いる．バイトは，刃部とシャンク部からなり，同一材料で刃部を成形して使用する工具（高速度鋼完成バイト）や，切れ刃（チップ）を付けたろう付

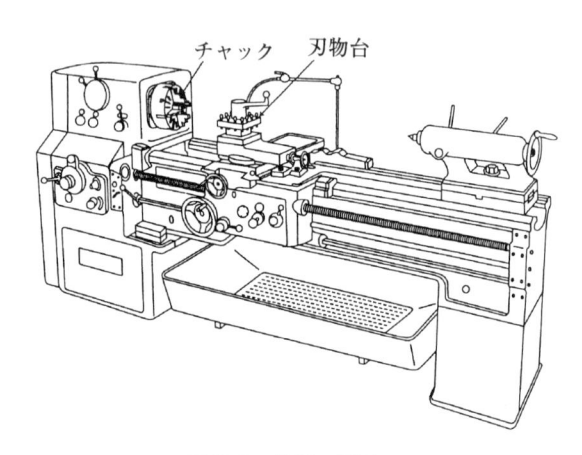

図3.2 旋盤の概要

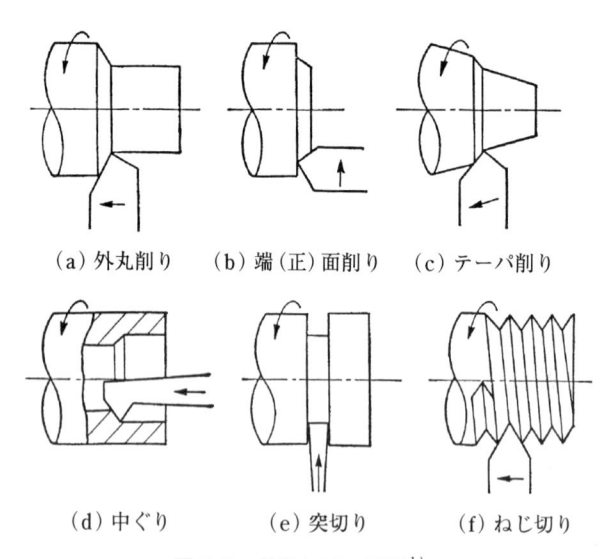

(a) 外丸削り　(b) 端（正）面削り　(c) テーパ削り

(d) 中ぐり　(e) 突切り　(f) ねじ切り

図3.3 旋盤加工の種類[1]

3.1 切削 (57)

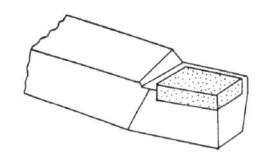

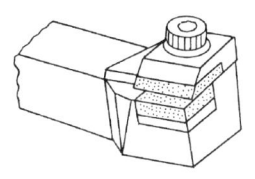

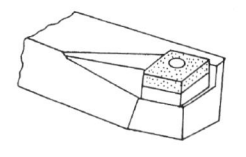

(a) ろう付けバイト　(b) 穴なしチップ用バイト　(c) 穴付きチップ用バイト

図 3.4　バイト（切削工具）の種類[2]

けバイト，チップ用バイト（**図 3.4**）などがある．

また，図 3.1 で示したように，バイトは**すくい面**（rake face）が一つ，**逃げ面**（flank）が二つ，**すくい角**（rake angle）$-6°\sim 10°$ が一般的な形状であり，すくい角が大きくなると切削抵抗は減少する．この場合，**逃げ角**（relief angle）は切削抵抗力に影響しないが，工具寿命や表面粗さに無関係ではない．

3.1.2　切削機構と構成刃先

通常の切削では，刃先と工作物との相対運動によって発生する**切りくず**（chip）の状態とその箇所に作用する切削力を，二次元と三次元で表示すると**図 3.5** のようになる．いずれの場合も，切削状態を定性的・定量的に区分すると**表 3.1** のように分類できる．

ここで，延性のある金属材料を低速で切削すると，刃先に工作物が凝着する．これを**構成刃先**（built-up edge）という．この凝着の成長と脱落が繰り返されると，**図 3.6** のように過剰な切削や脱落した凝着塊が加工面に押し込まれ，表面粗さが悪くなる．

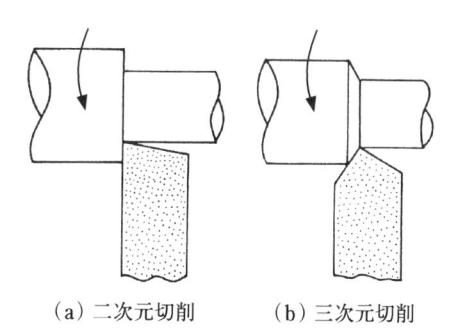

(a) 二次元切削　　(b) 三次元切削

図 3.5　二次元・三次元切削の概要

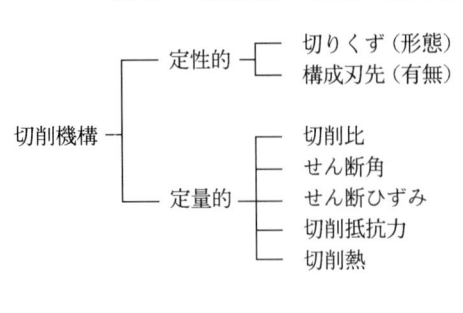

表 3.1 切削状態の定性的・定量的区分

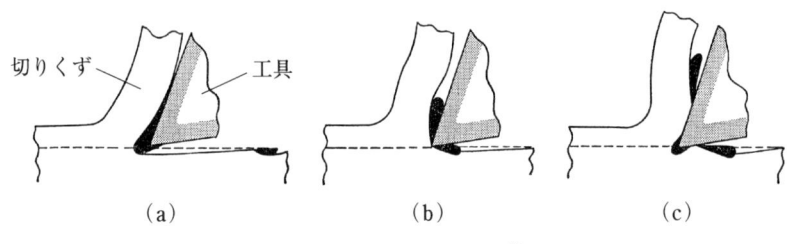

```
             ┌─ 定性的 ─┬─ 切りくず（形態）
             │         └─ 構成刃先（有無）
切削機構 ─────┤
             │         ┌─ 切削比
             │         ├─ せん断角
             └─ 定量的 ─┼─ せん断ひずみ
                       ├─ 切削抵抗力
                       └─ 切削熱
```

　　　(a)　　　　　　　(b)　　　　　　　(c)

図 3.6 構成刃先の概念[3]

　構成刃先は，工作物（被削材）の一部が加工硬化し，母材よりも著しく硬く変質したものが刃先に堆積したもので，切削速度が低く，刃先に掛かる圧力が比較的小さい場合に生じる．したがって，この対策として，高速切削や高送り切削で加工することが望ましい．

3.1.3 切削比とせん断ひずみ

　図 3.7 に示すように，切削時の切込み t_1 と，切りくず厚さ t_2 の比を切削比 $r_c(=t_1/t_2)$ という．この値は，せん断角やせん断ひずみの大小によって変わるが，一般に 1 より小さく，1 に近いほど良好な切削が可能となる．

　ここで，図 3.7 の工作物と切りくずの境を**せん断面**（shear plane）$\overline{AB}$ と呼び，この面の切削方向に対する角度を**せん断角** ϕ（shear angle）という．せん断角 ϕ が小さいときは，せん断面は大きくなる．したがって，大きい面でせん断するより，小さい面でせん断する方が切削力は少なく，切削しやすいことになる．なお，せん断角が大きいと，切削くずの厚さは薄くなる．

　また，図中の t_1，t_2，α，ϕ の間には，幾何学的に次のような関係がある．

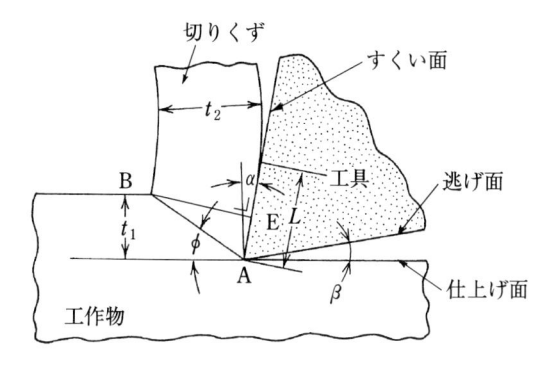

図 3.7 二次元切削における名称

$$r_c = \frac{t_1}{t_2} = \frac{\mathrm{AB}\sin\phi}{\mathrm{AB}\cos(\phi-\alpha)} = \frac{\sin\phi}{\cos(\phi-\alpha)}$$

ϕ を整理して,

$$\tan\phi = \frac{r_c \cos\alpha}{1 - r_c \sin\alpha}$$

となる.したがって,

$$\phi = \tan^{-1}\left(\frac{r_c \cos\alpha}{1 - r_c \sin\alpha}\right)$$

となる.通常,ϕ は $10°\sim40°$ ほどの値である.このように,すくい角 α の工具で削る場合,切りくずを測定し切削比 r_c を求めると,せん断角 ϕ が算出できる.

切削時の工作物は,図 3.8 のように変形した後,切りくずとなる.すなわち,刃先が A→D に進行する間に,工作物 ABCD はせん断変形して A′B′CD の切りくずになる.このときのせん断ひずみ γ は,幾何学的に次のように表される.

$$\gamma = \frac{\mathrm{AA'}}{\mathrm{DE}} = \frac{\mathrm{AE}+\mathrm{EA'}}{\mathrm{DE}} = \frac{\mathrm{DE}\cot\phi + \mathrm{DE}\tan(\phi-\alpha)}{\mathrm{DE}} = \cot\phi + \tan(\phi-\alpha)$$

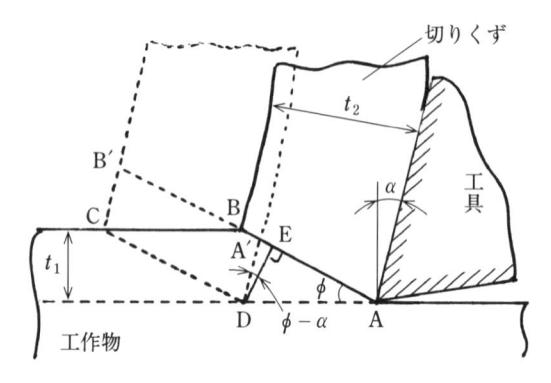

図 3.8 工作物の変形におけるひずみ

ここで，一般に $\cot\phi > \tan(\phi-\alpha)$ であり，ϕ が大きいほど γ は小さい．したがって，すくい角 α がわかると，上式でせん断角 ϕ を求め，せん断ひずみ γ を算出できる．

このように，切削時のせん断ひずみ γ は，引張ひずみに比べて著しく大きく，せん断ひずみを大きくしないと切りくずにならないことがわかる．また，せん断ひずみの増加とともに加工硬化する材料は切削が難しい．

3.1.4 切削抵抗力

切削加工中に，工具によって工作物から切りくずを分離する際に，その工具が受ける変形抵抗を **切削抵抗** R（cutting force）という．通常，各方向の抵抗力は，図 3.9 のような3分力測定器で測定する．3分力とは，**主分力** F_c（切削方向の分力，cutting force），**送り分力** F_f（送り方向の分力，feed force），**背分力** F_t（切込み方向の分力，thrust force）である．

主分力に切削速度を乗じると切削動力（工具が切削加工を行うために必要な仕事率）が，また工作物の半径を乗じると

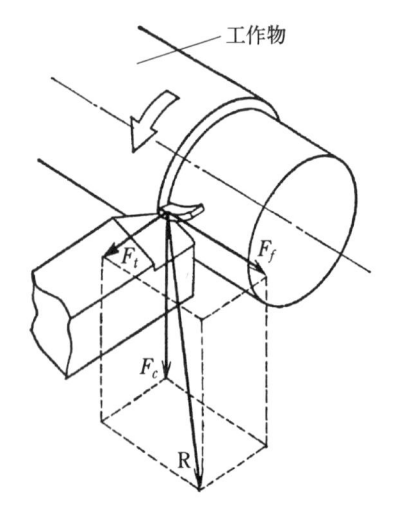

図 3.9 3分力の測定原理

主軸の駆動トルクが求められ，必要に応じて工作機械の選択ができる．

送り分力は，通常，主分力の1/2以下であるが，すくい角が大きくなると1/2以上になる．送り分力に送り速度を乗じると，送り動力が得られる．また，背分力 F_t は，一般に F_c，F_f より小さい．

切削抵抗力は，工作物の硬さに関係するが，比例はしない．前述のように，せん断ひずみの増加に伴って変質するため，加工硬化性の大きい材料は切削抵抗力も増大する．また，切削工具の形状にも大きく影響される．図3.7のすくい角 α が増大すると，切削抵抗力は減少する．逃げ角 β の影響は小さい．なお，切削速度や工具材質には大きな影響はない．

なお，切削中の工具（バイト）や工作物にどのような力が作用しているか，その力学関係について考察してみる．**図3.10**のように，通常では，せん断面ABに沿ってせん断すべりが生じて，切りくずが発生する．このとき，切りくずを生成するために必要な力 R と，工具が受ける切削抵抗 R' とは平衡状態にある．この関係は，工具のすくい面に垂直な垂直力 N_r と摩擦力 F_r およびせん断面に垂直な垂直力 N_s とせん断力 F_s，また実際に測定可能な水平分力 F_h と垂直分力 F_n に分解できる．

ここで，N_r と R' のなす角を摩擦角 θ といい，切削抵抗の合力 R とせん断面ABとなす角は等しい．せん断面上で生じるせん断力 $F_s (= R\cos\theta)$ と，せん断面の面積 $A (= bt/\sin\phi)$ 〔b：切削幅，t：切込み深さ，ϕ：せん断角〕から，

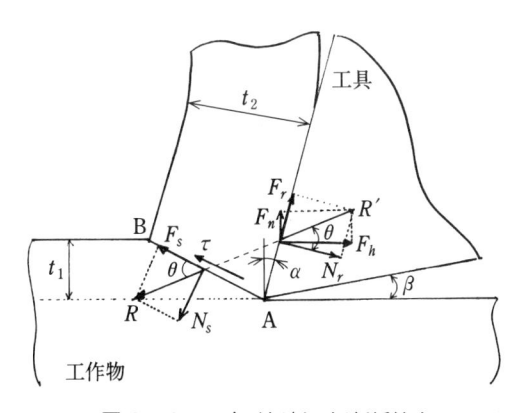

図3.10 二次元切削の切削抵抗力

このときのせん断応力は，$F_s/(bt/\sin\phi)$ となる．

したがって，この応力は工作物のせん断応力 τ に等しいことから，

$$\tau = \frac{R\cos\theta}{bt/\sin\phi} = F_s \frac{\sin\phi}{bt}$$

である．また，切削抵抗の合力 $R(=R')$ は，

$$R = \frac{bt\tau}{\sin\phi\cos\theta}$$

で表示できる．

他方，工具が受ける力 R'（反力）は，F_r, N_r が作用し，摩擦角 θ を用いて，すくい面の摩擦係数 μ は，

$$\mu = \frac{F_r}{N_r} = \tan\theta$$

で与えられる．

3.1.5 切りくずの形状と切りくず対策

切削過程で出る切りくずの形態は，日本では以前から流れ形，せん断形，むしり形，き裂形などに分けられていた．しかし，1938年，米国で最も合理的な連続形，不連続形および構成刃先のある連続形（図 3.11）の 3 形態が公表されてから，これが踏襲されて現在に至っている．連続形は延性材料に多く，不連続形は延性に乏しい金属材料に多い．

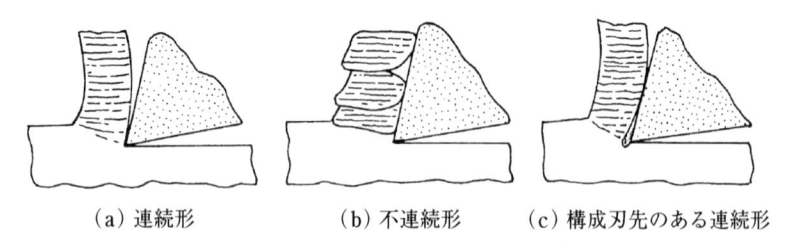

　　（a）連続形　　　　（b）不連続形　　（c）構成刃先のある連続形

図 3.11　切りくずの形態

鋼や銅などの材料を切削する場合，連続形〔図3.11 (a)〕の**切りくず**が排出され大きな容積を占めるため，切りくず発生時に細かく分断する方法がある．これは**チップブレーカ**（chip breaker）と呼ばれ，切りくずは，すくい面上を流れるように排出されるため，バイトのすくい面に突起やくぼみを付けることで，これに当たった切りくずは曲がったり折れたりして，数mmから十数mmのチップに加工される．ここで，すくい面に付けるチップブレーカの大きさは数mm以下であり，切削条件（切削速度，送り，切込み，工作物など）によって，その効果が左右される．

チップブレーカは，図3.12のように平行段形，角度段形，溝形の3種類があるが，組合せと取付けが簡単な穴なしスローアウェイチップ（抑え金が2段目の役目を果たし平行段形となる）が最も多用される．また，チップブレーカによって分断された切りくずの形態は，図3.13のような，らせん形，円弧形，渦巻き形に分類される．

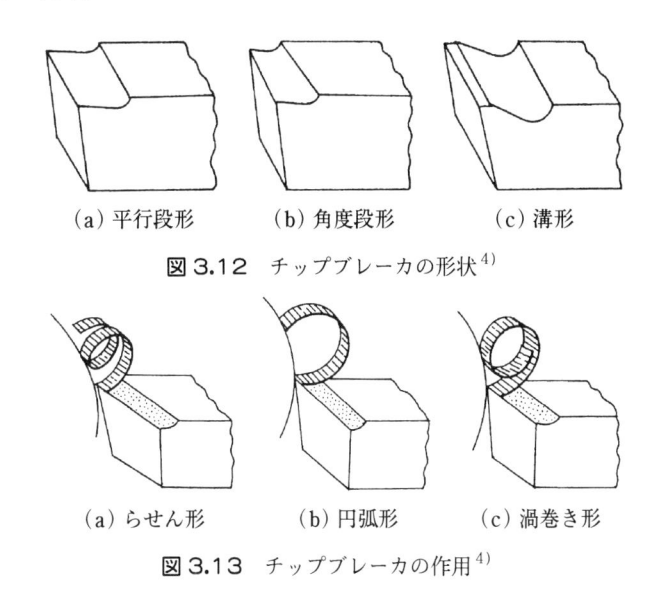

(a) 平行段形　　(b) 角度段形　　(c) 溝形

図3.12　チップブレーカの形状[4]

(a) らせん形　　(b) 円弧形　　(c) 渦巻き形

図3.13　チップブレーカの作用[4]

3.1.6　被削性

被削性（machinability）とは，工作物の削られやすさである．この被削性は，切削抵抗または切削動力の大小，工具寿命の長短，表面粗さの大小，切りくず

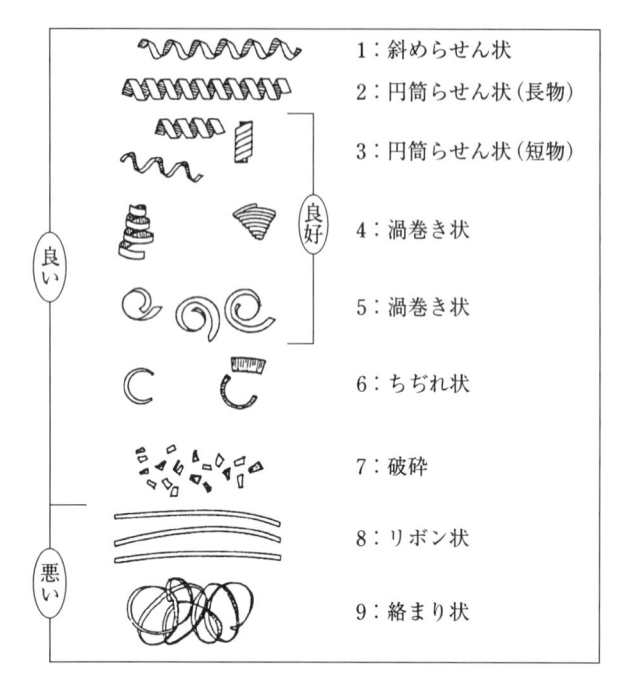

```
                 1：斜めらせん状
                 2：円筒らせん状（長物）
                 3：円筒らせん状（短物）
        良   4：渦巻き状
   良    好
   い        5：渦巻き状
                 6：ちぢれ状
                 7：破砕
                 8：リボン状
   悪
   い        9：絡まり状
```

図3.14 切りくずの形状から見た被削性の例

処理などの諸条件のうち，何を優先させるか，あるいは評価するかは，加工の目的に応じて表示する．たとえば，「工具寿命から見た被削性」や「切りくずの形状から見た被削性」などの表現を用いる．後者の一例を図3.14に示す．一般に，円筒らせん状（短くず）や渦巻き状の切りくずが良好といわれている．

被削性は，削る材料の機械的性質や物理的・化学的性質などが複合した形で現れる．すなわち，引張強さ，硬さ，加工硬化，熱伝導率，組織，親和性などである．これに対して，機械的性質を多少犠牲にして有効な化学成分を含有する材料を開発した快削材があり，快削鋼や快削黄銅などがある．

3.1.7 切削工具の損傷

切削条件の不適や工作物の性質などで切削工具が損傷する．この損傷は，図3.15に示す**摩耗**（wear），**チッピング**（chipping），**クラック**（crack），**凝着**（adhesion）・**分離**などの種類があり，実際の加工時には，これらが単独あるいは複数が複合して損傷が生じる．

3.1 切 削 （ 65 ）

(a) 摩耗　(b) チッピング　(c) クラック　(d) 凝着・分離

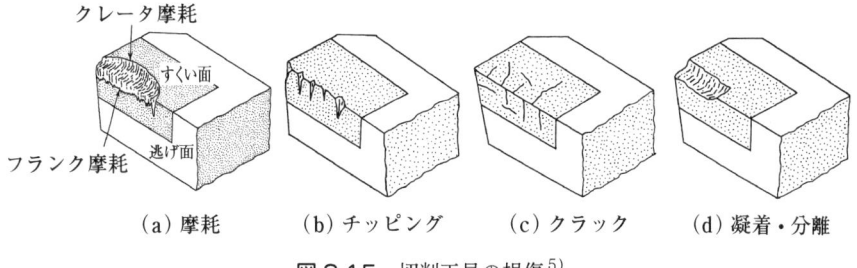

図 3.15　切削工具の損傷[5]

たとえば，摩耗は工具が工作物に対して最適な加工時に生じ，その種類はバイトのすくい面のクレータ摩耗あるいは逃げ面のフランク摩耗などがある．

チッピングは，切れ刃が微小破損する現象で，切削工具の材質が不良の場合に生じる．このため，材質が均一でじん性の大きい切削工具を用いると改善できる．

クラックは，バイトのすくい面または逃げ面にき裂が生じる現象である．ここでは，切削熱による熱衝撃や熱応力によって生じる場合，あるいは切削工具が切削力に耐えられない場合などに生じる．この対策として，通常よりもじん性の大きい切削工具を用いることで改善できる．

また，凝着・分離は，切削工具のすくい面に切りくずが付着または凝着し，離脱時にすくい面の一部分がはぎ取られる現象で，圧着分離ともいう．ここでは，切削工具と工作物の親和性が大きい場合，または切削工具の耐熱性が低く，

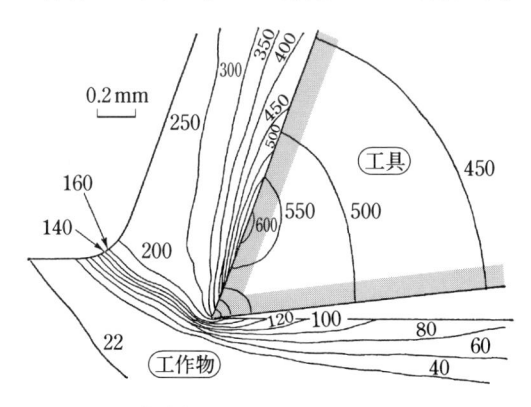

図 3.16　数値解析による切削工具近傍の温度（℃）

ぜい性が大きい場合に生じる．したがって，この対策として，じん性が大きく，親和性の小さい切削工具を用いることや，切削熱を抑え低い状態で切削することで改善できる．

ここで，切削温度を測定する方法として，一般的な熱電対法，簡便な熱電対差込み法および放射温度計を用いる放射温度法がある．切削温度が上昇する場合は，熱伝導率の低い切削工具を用いることが望ましい．図3.16に，数値解析による切削工具近傍の温度を参考例として示す．

3.1.8 フライス削りとドリル加工

フライス削り（milling）は，通常，フライス加工と呼ばれ，工具の外周面と端面に切れ刃を持ち，回転する切削工具，すなわちフライス（milling cutter）で所要の寸法・形状に削る加工である．一般に，切れ刃は複数で多刃工具のフライスをフライス盤（図3.17）やマシニングセンタに取り付けて使用する．フライスには，図3.18に示す平フライス，正面フライス，側フライスおよびエンドミルなどの種類があり，それぞれ所要の目的形状に応じて使い分ける．

フライスを用いた切削加工には，横フライス加工（図3.17），正面フライス加工，およびエンドミル加工に大別される．横フライス加工には，平フライス，

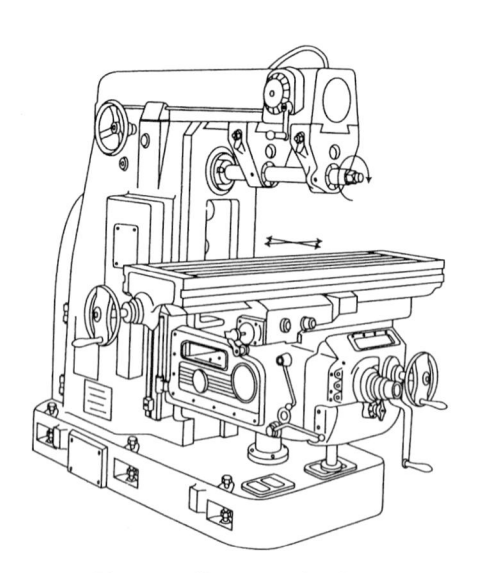

図3.17 横フライス盤の概要

3.1 切削 (67)

平フライス　　正面フライス　　角度フライス

(a)　　(b)　　(c)

側フライス　　内丸フライス　　エンドミル

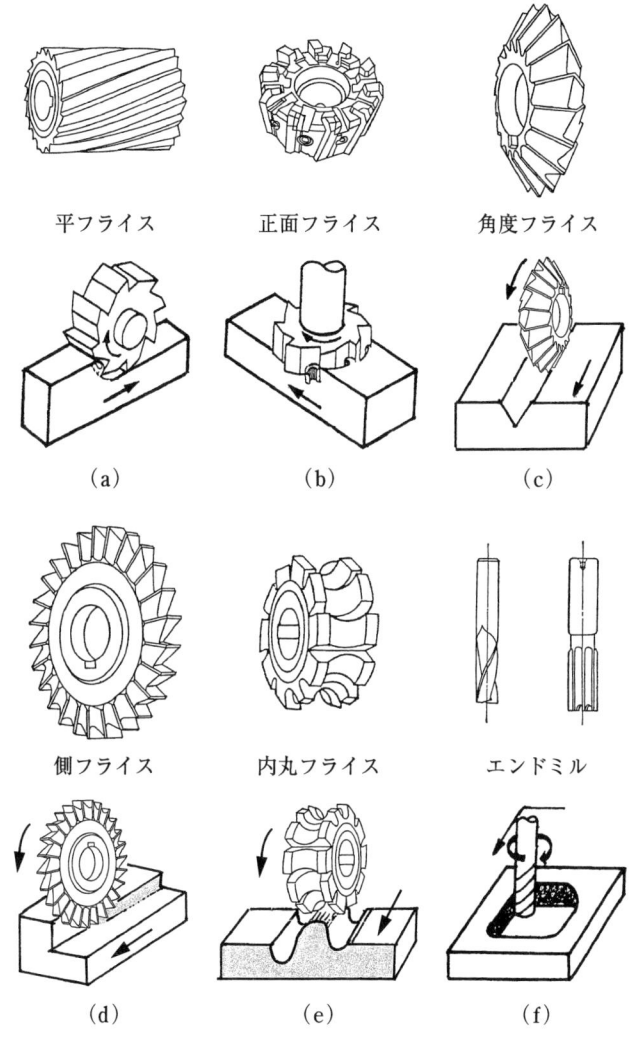

(d)　　(e)　　(f)

図 3.18　フライス（ミーリングカッタ）の種類と切削形状

側フライス，角度フライスなどがあり，複雑な形状の加工に多用される．正面フライス加工は，高能率で平面加工に用い，エンドミル加工は金型の形彫りに使用される．

　ドリル (drill) 加工は，ドリル (**図 3.19**) と呼ばれる先端に2枚の切れ刃と

(a) ストレートシャンクドリル

(b) センタ穴ドリル

(c) ガンドリル

図 3.19 ドリルの種類と形状

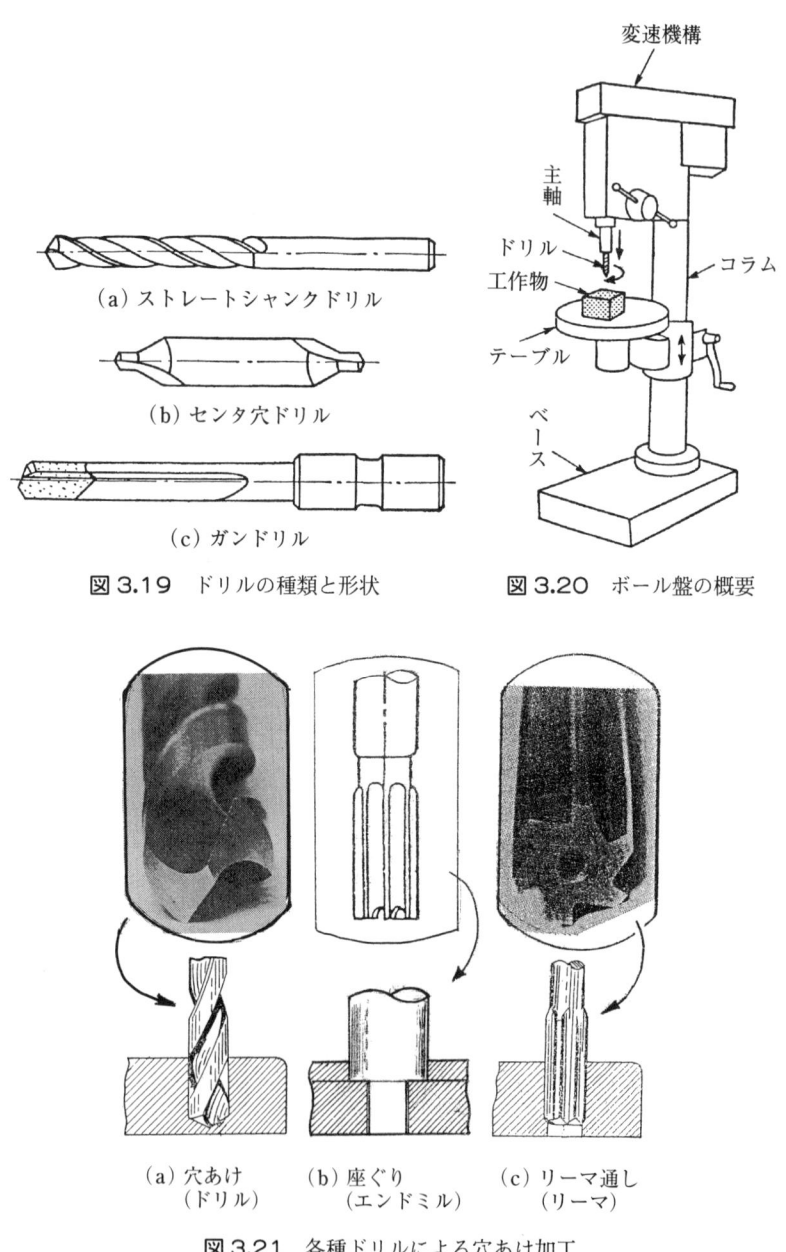

図 3.20 ボール盤の概要

(a) 穴あけ
（ドリル）

(b) 座ぐり
（エンドミル）

(c) リーマ通し
（リーマ）

図 3.21 各種ドリルによる穴あけ加工

6チゼルエッジを有する工具をボール盤(図3.20)やマシニングセンタに取り付けて,穴あけや座ぐり(図3.21)を行う加工である.ドリルの種類には,図3.19に示したようなストレートシャンクドリル,センタ穴ドリル,深穴加工用のガンドリルなどがあり,それぞれの目的に応じて使用する.

3.2 研　削

3.2.1 研削の基礎

研削(grinding)は,硬く細かい鉱物性の粒子などを固めた研削砥石(grinding wheel)によって金属などを少しずつ削り取る加工である.粒子の大きさは,0.2～0.6 mm程度の微粒子を結合剤で固めたもの(砥石)で,粒子のエッジが切れ刃となって削り取られ(切削),粉末状の切りくずが発生する.

研削には,**平面研削,円筒研削,内面研削,歯車研削**などの種類があり,そ

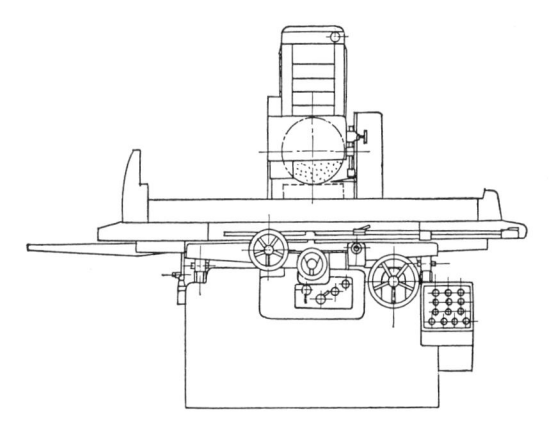

図3.22　平面研削盤の概要[6]

表3.2　研削加工機械の種類

工作物の形状	機械の種類
平面	平面研削盤
円筒	円筒研削盤,万能研削盤
孔	内面研削盤
工具	工具研削盤,万能研削盤
歯車,ねじ	歯車研削盤,ねじ研削盤

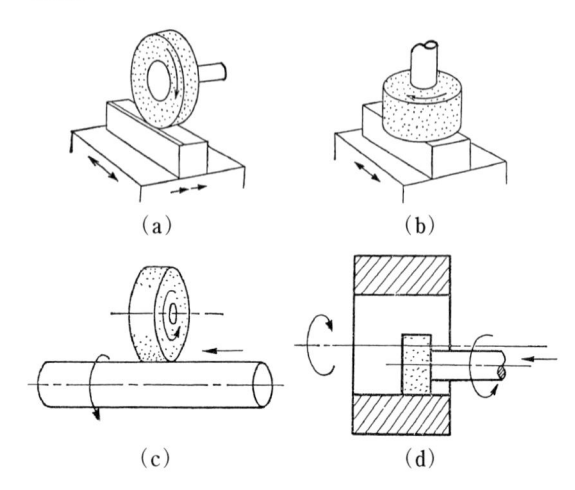

図 3.23　平面研削〔(a), (b)〕, 円筒研削 (c) および内面研削 (d) の概要

それぞれ固有の研削盤を用いて加工する．たとえば，図 3.22 は，平面研削盤であり，工作物（被削材）の平面を研削（研削砥石を回転させて工作物を削る）仕上げするための機械である．図 3.23 および表 3.2 に，各種の研削加工の概要と加工機械の種類を示す．

3.2.2　研削砥石の構造と作用

砥石は，図 3.24 に示すように，鉱物性の硬い微粒子を結合剤で固化し円盤状に成形される．成形された砥石は，図 3.23 で示したように回転させて工作物の表層を薄く削り取っていく．切りくず（切り粉）を溜める役目と研削熱の除去を促進させる機能を併せ持った部分を気孔 (pore) といい，砥粒 (abrasive grain)，結合剤 (bond) とともに研削砥石の3要素と呼ばれる．ここで，研削砥石の容積中に占める空間の割合を気孔率〔100 －（砥粒率＋結合剤率）〕(%) という．

砥粒の切れ刃は，図 3.25 に示すように鈍角ですくい角は負である．これが，工作物の表面を数 μm ～十数 μm の厚さで削り取る作用をする．この過程で発生する切りくずは粉末状で，切削のような切りくず（図 3.14）はでない．

図 3.26 に砥粒の作用を示す．(a) のこすりや (b) の掘り起こしでは，切りくずの発生はなく，塑性変形が生じる．その後，後続の砥粒（粒子）によって切削（削り取る）されて加工が進行する．

3.2 研 削 （ 71 ）

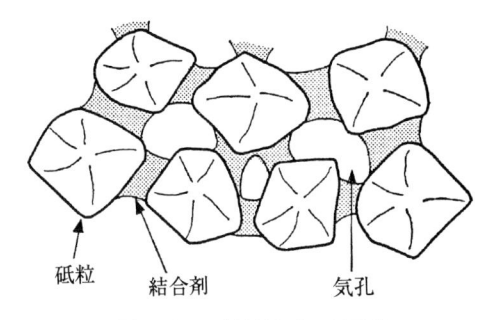

図 3.24 研削砥石の 3 要素
砥粒　結合剤　気孔

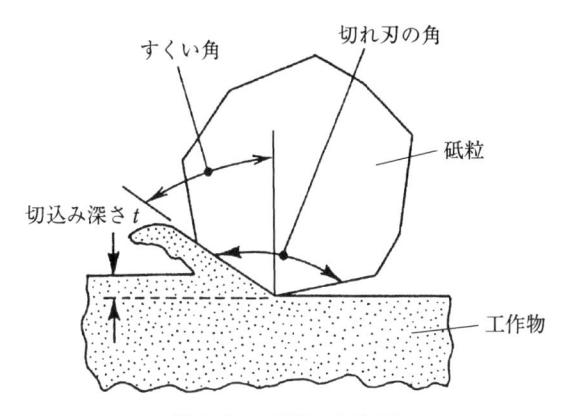

図 3.25 砥粒の切れ刃
すくい角　切れ刃の角　砥粒　切込み深さ t　工作物

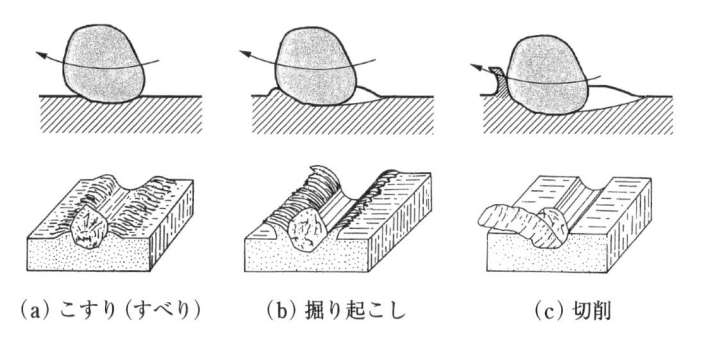

(a) こすり（すべり）　(b) 掘り起こし　(c) 切削

図 3.26 砥粒の加工[7],[8]

砥粒の種類は，アルミナ（Al_2O_3）系や炭化けい素（SiC）系を基本として，ダイヤモンド砥粒やcBN（立方晶系窒化ほう素）砥粒が多用されている．アルミナ系にはA，WA，MA砥粒と呼ぶじん性が高く鋼材に適するもの，および炭化けい素系にはC，GC砥粒と呼ぶ超硬合金に適する砥粒がある．

また，ダイヤモンド砥石やcBN砥石は，それぞれの微粒子を超高圧・高温下で焼結した工具である．ダイヤモンドなどの物質の硬さを比較した一例を**表3.3**に示す．ダイヤモンドは極めて硬く，熱伝導率も高く，高温でも安定しているため，砥粒としての価値も高く，多用されている．

表3.3 物質の硬さの比較

材料	硬さ（ヌープ），kgf/mm^2
ダイヤモンド	7 000
炭化ほう素	2 800
炭化けい素	2 400
アルミナ（多結晶）	2 100
超硬合金	2 000
工具鋼	700〜800

一方，結合剤は，ビトリファイドボンド（V），レジノイドボンド（B），メタルボンド（M）などがあり，目的に応じて使用される．特に，**レジノイドボンド**は，フェノール樹脂を主成分として，弾性を有し，研削熱で酸化するが，目づまり〔**図3.27**（c）〕がしにくい利点がある．また，**メタルボンド**は，金属粉末と砥粒を混合して焼結したもので，強じんで耐摩耗性が高く，切削性に優れている．**図3.28**に，メタルボンド砥石の構成を例示する．

通常，砥石は，種類・構成・特性などを記号で表示する．たとえば，「WA80L8V」の記号を持つ砥石は，WA：砥石の種類，80：粒度（#80），L：結合度〔A〜G（極軟），H〜K（軟），L〜O（中位），P〜S（硬），T〜Z（極硬）〕，8：組織，V：結合材（ビトリ

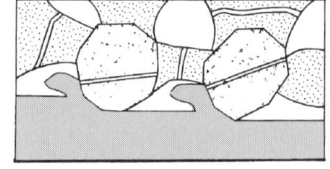

(a) 目こぼれ

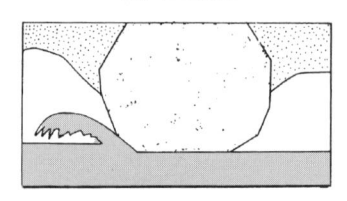

(b) 摩耗（目つぶれ）

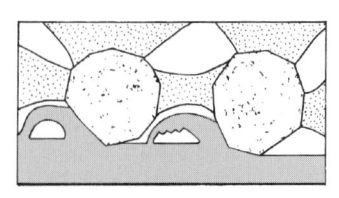

(c) 目づまり

図3.27 砥石の摩耗と寿命[9]

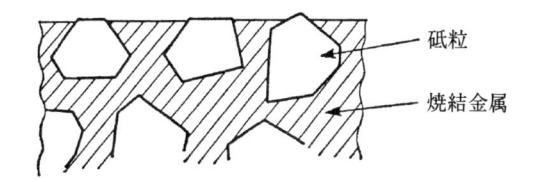

図 3.28 焼結によるメタルボンド砥石（M）の構成

ファイドボンド）の内容である.

砥石は，切れ刃の間隔や気孔の大きさに加え，砥粒率（砥粒容積/砥石容積）によって組織が定義されている．特に砥粒率は，粗度が異なれば砥粒の数が異なるため，切れ刃の数も異なり切削性に影響がでる．

3.2.3 研削比と研削抵抗

砥石の切れ味を評価する目安として**研削比**（工作物の研削体積/砥石の摩耗体積）が用いられる．この値は，砥粒の質，結合剤，結合度，研削条件および工作物の種類などによって大きく左右する．図 3.29 に，代表的な砥粒と研削比との関係を示す．この値が大きいほど研削性能に優れる．

また，切削抵抗（前掲 図 3.9）と同様に，**研削抵抗**（grinding force）がある．図 3.30 のように，研削中に砥石が工作物に作用する力，すなわち研削抵抗は，研削方向の**接線分力**（tangential force）F_t と，これ（砥石作業面）に垂直な方向

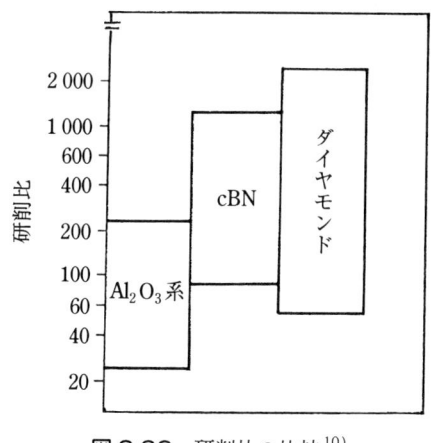

図 3.29 研削比の比較[10]

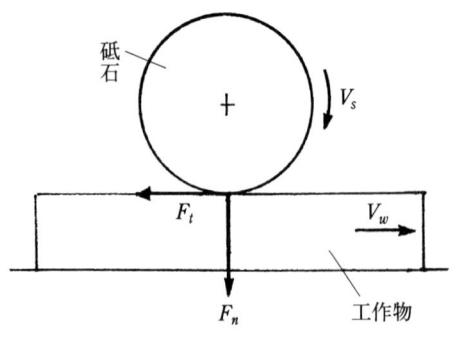

図 3.30 研削抵抗

の**垂直分力**（normal force）F_n とに分けられ，これらは，平面研削ではほぼ比例し，円筒研削では若干異なる．

さらに，砥石駆動動力は $F_t V_s$，工作物駆動動力は $F_t V_w$ の関係があり，いずれも接線分力に比例する．切削速度が速いため，発熱が大きく，全駆動動力（$= F_t V_s$）のほぼ100％近くが研削点で熱に変わり，温度上昇と熱膨張の原因となる．このため，砥粒の硬さに加えて線膨張係数や熱伝導率などの熱的性質が重要な因子となる．

また，研削抵抗と研削動力（研削で消費されるエネルギー）は，比研削エネルギー q〔$= F_t V_s / (b t V_w)$〕で表される．ここで，b：研削幅，t：切込み深さである．このエネルギー q は，砥石の表面状態，研削条件および被削材の性質などによって大きく変化するが，切削加工の場合の比切削エネルギーの10〜100倍ほどの値である．これは，すくい角が著しい負であり，浪費されるエネルギーも大きく，削る厚さが極めて薄いためである．

3.2.4 砥石の減耗と対策

砥石の砥粒は，高速で連続加工のため，砥粒のエッジが摩耗あるいは破壊し，砥粒が減少して研削能力（切れ味）が低下する．**図 3.31** および前掲の 図 3.27 に，砥粒の代表的な破壊・減耗機構を示す．

たとえば，図 3.31 の ⓐ 線から破壊する場合を **目こぼれ**（shedding）〔図 3.27 (a) 参照〕という．砥粒が砥石から脱落する場合，あるいは砥粒に過剰な切削抵抗力が作用する場合に多い．また，ⓑ 線から破壊して新しい刃が生成する場

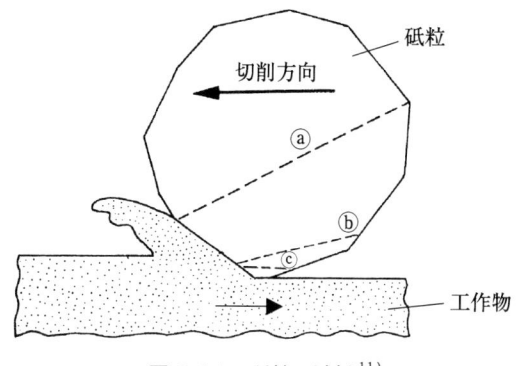

図 3.31　砥粒の減耗[11]

合を切れ刃の自生作用と呼び，理想的な研削形態であり，研削比や研削動力は安定する．さらに，ⓒ線から切削方向に破壊し逃げ面をつくる場合は，単純な摩耗または**目つぶれ**（dulling）〔図 3.27 (b) 参照〕と呼ばれ，砥粒の切れ刃の下部に加工面と平行な摩耗面が生じる．この結果，摩擦抵抗が増加し研削動力が増大する．また，**目づまり**（loading）〔図 3.27 (c) 参照〕は，気孔に切りくず（粉）がつまる現象である．これは，工作物と砥石の凝着性が大きい，潤滑性が悪い，および砥粒の切込み深さが大きい場合などに発生しやすい．

　一方，これらの目づまりによる研削能力が低下した場合，回復させることが要求される．これを**ドレッシング**（dressing，目直し）という．砥粒の摩耗や研削砥石の目づまりなどで研削能力が低下した場合，この対策として，砥粒を破砕し脱落させて新しい切れ刃を創成させることで回復できる．また，目づまりが回復しても，工具としての形状，すなわち砥石表面を正しい形状に修正する必要があり，これを**ツルーイング**（truing，形直し）という．この対策として，形直し工具を用いて正しい砥石形状に回復させる方法である．以上より，ドレッシングとツルーイングを同時に行うと効果的である．

　研削による加工面は，切削速度が速いため，発熱が大きく，加工表面が硬化する現象が生じる．たとえば，炭素鋼では，研削熱と冷却作用で焼入れのような状態を呈して硬化する．また，研削温度が上昇すると，加工表面の酸化膜が薄黄色に変色する**研削焼け**（grinding burn）や，研削熱による熱衝撃，熱膨張および熱処理による残留応力などによって研削表面に割れ（クラック）が発生す

ることがある．これを **研削割れ**（grinding crack）という．これらの影響を最小限に抑えるためには，切込み深さが小さく，送り速度が遅い方が効果的である．

3.2.5 砥石と工作物の幾何学

研削中における砥石と工作物との関係を幾何学的に表示すると，**図3.32**のようになる．同図は，ある点における砥粒とその切込み深さについて示したものである．

同図に示すように，砥石直径を d，砥石の周速を V_s，工作物の速度を V_w，切込み深さを t とし，砥粒①が削った後に砥粒②が削る場合を考える．砥粒①と砥粒②の距離は，砥石の外周に沿って λ（連続切れ刃間隔という）とする．工作物に対して，砥粒①が削った後で砥粒②が削るまでの時間は，λ/V_s であり，この間の工作物の移動距離は，$\lambda(V_w/V_s)$ となる．この様子を同図(b)に示す．直径 d の円弧二つを横方向に λ' 〔$=\lambda(V_w/V_s)$〕だけ移動したもので近似できる．砥粒②は，そのすき間の湾曲した部分（△ABC）を削ることになる．

一般に，$t<d$ および $\lambda<d$ より，たとえば，最大の切り取り厚さ $h_{\max}$ は，余弦定理を適用し，近似的に次の関係が成立する．

$$h_{\max}=\lambda'\sin\theta \fallingdotseq 2\lambda\frac{V_w}{V_s}\sqrt{\frac{t}{d}}$$

この $h_{\max}$ は，通常，砥粒切込み深さと呼ばれる．また，上式は，砥粒①と砥

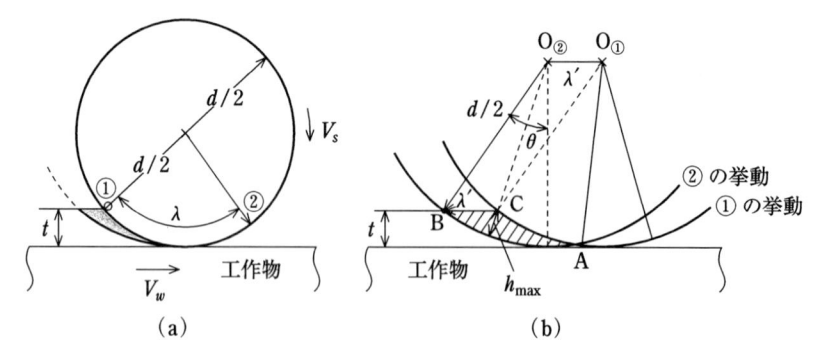

図3.32 砥石と工作物の幾何学的関係

粒②が同一の高さであると仮定した場合で，これに対して砥粒②が砥粒①よりεだけ低い場合は，薄く削ることになる．この場合のh'_{max}は，

$$h'_{max} = 2\lambda \frac{V_w}{V_s}\left(\sqrt{\frac{t}{d}} - \varepsilon\right)$$

となる．

<　演習問題　>

1. 切削加工が難しい（不可能）形状には，どんなものがあるか．例示せよ．
2. 切削加工で丸棒から六角ボルトをつくる場合，どのような工作機械と切削工具が必要か．工程順に説明せよ．
3. バイトの種類と加工法について知るところを例示せよ．
4. 構成刃先について説明せよ．
5. 二次元切削における工作物の変形とせん断ひずみとの関係を説明せよ．
6. 切削抵抗の3分力とは何か．それぞれについて説明せよ．
7. チップブレーカとは何か．またどのような目的で使用するか説明せよ．
8. 切削工具の損傷の形態を例示し，どのような理由で生じるか，知るところを記せ．
9. 被削性とは何か，説明せよ．
10. フライス（ミーリングカッタ）の種類と切削形状について例示せよ．
11. 研削加工機械の種類と，その機械によってできる工作物の形を説明せよ．
12. 研削砥石の構造と作用について説明せよ．
13. 研削砥石の種類には，どのようなものがあるか調査せよ．
14. 研削砥石の切れ味（研削能力）は何で評価されるか，知るところを記せ．
15. 研削砥石の減耗形態とその回復（対応）策を述べよ．

参考文献

1) 中山一雄・上原邦雄：機械加工，朝倉書店 (1991) p.5.
2) 飯田喜介：機械加工学，現代工学社 (1996) p.23.
3) 中山一雄・上原邦雄：機械加工，朝倉書店 (1991) p.29.
4) 飯田喜介：機械加工学，現代工学社 (1996) p.24.
5) 飯田喜介：機械加工学，現代工学社 (1996) p.34.

6) 中山一雄・上原邦雄：機械加工, 朝倉書店 (1991) p. 145.
7) 日本機械学会 編：生産加工の原理, 日刊工業新聞社 (1998) p. 126.
8) 中山一雄・上原邦雄：機械加工, 朝倉書店 (1991) p. 56.
9) 飯田喜介：機械加工学, 現代工学社 (1996) p. 70.
10) 飯田喜介：機械加工学, 現代工学社 (1996) p. 64.
11) 飯田喜介：機械加工学, 現代工学社 (1996) p. 69.

付　表

1. SI単位と物理定数

(1) 接頭語

単位に乗じる倍数	接頭語 名称	記号	単位に乗じる倍数	接頭語 名称	記号
10^{18}	エクサ	E	10^{-1}	デシ	d
10^{15}	ペタ	P	10^{-2}	センチ	c
10^{12}	テラ	T	10^{-3}	ミリ	m
10^{9}	ギガ	G	10^{-6}	マイクロ	μ
10^{6}	メガ	M	10^{-9}	ナノ	n
10^{3}	キロ	k	10^{-12}	ピコ	P
10^{2}	ヘクト	h	10^{-15}	フェムト	f
10	デカ	da	10^{-18}	アト	a

(2) 組立単位（固有の名称を有する単位）

量	単位の名称	単位記号	基本単位もしくは補助単位による組立方または他の組立単位による組立方
周波数	ヘルツ	Hz	$1\ Hz = 1\ s^{-1}$
力	ニュートン	N	$1\ N = 1\ kg \cdot m/s^2$
圧力，応力	パスカル	Pa	$1\ Pa = 1\ N/m^2$
エネルギー，仕事，熱量	ジュール	J	$1\ J = 1\ N \cdot m$
仕事率，工率，動力，電力	ワット	W	$1\ W = 1\ J/s$
電荷，電気量	クーロン	C	$1\ C = 1\ A \cdot s$
電位，電位差，電圧，起電力	ボルト	V	$1\ V = 1\ J/C$
静電容量，キャパシタンス	ファラド	F	$1\ F = 1\ C/V$
（電気）抵抗	オーム	Ω	$1\ \Omega = 1\ v/A$
セルシウス温度	セルシウス度または度	℃	$x\ (℃) = (x + 273.15)\ K$

(3) 組立単位（組み立てられた名称を有する単位）

量	単位の名称	単位記号
面積	平方メートル	m^2
体積	立方メートル	m^3
密度	キログラム毎立方メートル	kg/m^3
回転数	毎秒	s^{-1}
速さ	メートル毎秒	m/s
加速度	メートル毎秒毎秒	m/s^2
角速度	ラジアン毎秒	rad/s
角加速度	ラジアン毎秒毎秒	rad/s^2
流量	立方メートル毎秒	m^3/s
質量流量	キログラム毎秒	kg/s
力のモーメント	ニュートンメートル	$N \cdot m$
粘度	パスカル秒	$Pa \cdot s$
動粘度	平方メートル毎秒	m^2/s
質量エネルギー	ジュール毎キログラム	J/kg
エントロピ，熱容量	ジュール毎ケルビン	J/K
比熱	ジュール毎キログラム毎ケルビン	$J/(kg \cdot K)$
熱伝導率	ワット毎メートル毎ケルビン	$W/(m \cdot K)$
熱伝達係数	ワット毎平方メートル毎ケルビン	$W/(m^2 \cdot K)$
熱膨張率	毎ケルビン	K^{-1}

2. 量別の換算[1]

(1) 長さ

m	cm	in	ft
1	1×10^2	3.937×10	3.281
1×10^{-2}	1	3.937×10^{-1}	3.281×10^{-2}
2.54×10^{-2}	2.540	1	8.333×10^{-2}
3.048×10^{-1}	3.048×10	12	1

(2) 面積

m^2	cm^2	in^2	ft^2
1	1×10^4	1.550×10^3	1.076×10
1×10^{-4}	1	1.55×10^{-1}	1.076×10^{-3}
6.45×10^{-4}	6.452	1	6.944×10^{-3}
9.290×10^{-2}	9.290×10^2	1.44×10^2	1

(3) 体積

m^3	cm^3	in^3	ft^3
1	1×10^6	6.1023×10^4	3.531×10
1×10^{-6}	1	6.1023×10^{-2}	3.531×10^{-5}
1.639×10^{-5}	1.639×10	1	5.787×10^{-4}
2.832×10^{-2}	2.8320×10^4	1.728×10^3	1

(4) 斗量

m^3	l	gal (UK)	gal (US)
1	1.000×10^3	2.200×10^2	2.642×10^2
1×10^{-3}	1	2.200×10^{-1}	2.642×10^{-1}
4.546×10^{-3}	4.546	1	1.201
3.785×10^{-3}	3.785	8.327×10^{-1}	1

(注) 1 gal (US) = 231 in^3, 1 ft^3 = 7.48 gal (US), 〔gal (UK):英ガロン, gal (US):米ガロン〕

(5) 質 量

kg	t	lb	ton	sh tn
1	1×10^{-3}	2.20462	9.842×10^{-4}	1.1023×10^{-3}
1×10^3	1	2.20462×10^3	9.842×10^{-1}	1.1023
4.5359×10^{-1}	4.5359×10^{-4}	1	4.464×10^{-4}	5×10^{-4}
1.01605×10^3	1.01605	2.240×10^3	1	1.12
9.07185×10^2	9.07185×10^{-1}	2.000×10^3	8.9286×10^{-1}	1

(注) t : トン, ton : 英トン (long ton ともいう), sh tn : 英トン (short ton の略)

(6) 力

N	dyn	kgf	lbf	pdl
1	1×10^5	1.01972×10^{-1}	2.248×10^{-1}	7.233
1×10^{-5}	1	1.01972×10^{-6}	2.248×10^{-6}	7.233×10^{-5}
9.80665	9.80665×10^5	1	2.205	7.093×10
4.44822	4.44822×10^5	4.536×10^{-1}	1	3.217×10
1.38255×10^{-1}	1.38255×10^4	1.410×10^{-2}	3.108×10^{-2}	1

(注) 1 dyn = 10^{-5} N, 1 pdl (パウンダル) = 1 ft・lb/s^2

(7) 密 度

kgf/m^3	gf/cm^3	lb/in^3	lb/ft^3
1	1×10^{-3}	3.613×10^{-5}	6.243×10^{-2}
1.000×10^3	1	3.613×10^{-2}	6.243×10
2.7680×10^4	2.768×10	1	1.728×10^3
1.602×10	1.602×10^{-2}	5.787×10^{-4}	1

(注) 1 gf/cm^3 = 1 t/m^3

(8) 圧　力

Pa	kPa	MPa	bar	kgf/cm^2	atm	mmHg (Torr)
1	1×10^{-3}	1×10^{-6}	1×10^{-5}	1.01972×10^{-5}	9.86923×10^{-6}	7.50062×10^{-3}
1×10^3	1	1×10^{-3}	1×10^{-2}	1.01972×10^{-2}	9.86923×10^{-3}	7.50062
1×10^6	1×10^3	1	1×10	1.01972×10	9.86923	7.50062×10^3
1×10^5	1×10^2	1×10^{-1}	1	1.01972	9.86923×10^{-1}	7.50062×10^2
9.80665×10^4	9.80665×10	9.80665×10^{-2}	9.80665×10^{-1}	1	9.67841×10^{-1}	7.35559×10^2
1.01325×10^5	1.01325×10^2	1.01325×10^{-1}	1.01325	1.03323	1	7.60000×10^2
1.33322×10^2	1.33322×10^{-1}	1.33322×10^{-4}	1.33322×10^{-3}	1.35951×10^{-3}	1.31579×10^{-3}	1

(注) 1 Pa = 1 N/m^2

(9) 応　力

Pa (N/m^2)	MPa (N/mm^2)	kgf/mm^2	kgf/cm^2	lbf/ft^2
1	1×10^{-6}	1.0197×10^{-7}	1.0197×10^{-5}	2.089×10^{-2}
1×10^6	1	1.01972×10^{-1}	1.01972×10	2.089×10^4
9.80665×10^6	9.80665	1	1×10^2	2.048×10^5
9.80665×10^4	9.80665×10^{-2}	1×10^{-2}	1	2.048×10^3
4.786×10	4.786×10^{-5}	4.882×10^{-6}	4.882×10^{-4}	1

(注) 1 MPa = 1 N/mm^2, 1 Pa = 1 N/m^2

(10) 速　度

m/s	km/h	kn（メートル法）	ft/s	mile/h
1	3.6	1.944	3.281	2.237
2.778×10^{-1}	1	5.400×10^{-1}	9.113×10^{-1}	6.214×10^{-1}
5.144×10^{-1}	1.852	1	1.688	1.151
3.048×10^{-1}	1.097	5.925×10^{-1}	1	6.818×10^{-1}
4.470×10^{-1}	1.609	8.690×10^{-1}	1.467	1

(注) kn：ノット，メートル法1ノット = 1852 m/h

(11) 角速度

rad/s	°/s	rpm
1	5.730×10	9.549
1.745×10^{-2}	1	1.667×10^{-1}
1.047×10^{-1}	6	1

(注) 1 rad = 57.296°, rpm は r/min とも書く

(12) 粘 度

Pa·s	cP	P	kgf·s/m^2	lbf·s/in^2
1	1.000×10^3	1.0×10	1.01973×10^{-1}	1.449×10^{-4}
1×10^{-3}	1	1.0×10^{-2}	1.01973×10^{-4}	1.449×10^{-7}
1×10^{-1}	1.00×10^2	1	1.01973×10^{-2}	1.449×10^{-5}
9.80665	9.80665×10^3	9.80665×10	1	1.422×10^{-3}
6.9×10^3	6.9×10^6	6.9×10^4	7.03×10^2	1

(注) 1 P = 1 dyn·s/cm^2 = 1 g/cm·s, 1 Pa·s = 1 N·s/m^2, 1 cP = 1 mPa·s, 1 lbf·s/in = 1 Reyn = 6.9×10^6 cP

(13) 仕事, エネルギー, 熱量

J	kW·h	kgf·m	kcal
1	2.778×10^{-7}	1.0197×10^{-1}	2.389×10^{-4}
3.6×10^6	1	3.671×10^5	8.600×10^2
9.80665	2.724×10^{-6}	1	2.343×10^{-3}
4.186×10^3	1.163×10^{-3}	4.269×10^2	1

(注) 1 J = 1 W·s, 1 J = 1 N·m

(14) 仕事率

kW	kgf・m/s	PS	HP	kcal/s	ft・lb/fs
1	1.0197×10^2	1.3596	1.3405	2.389×10^{-1}	7.376×10^2
9.807×10^{-3}	1	1.333×10^{-2}	1.315×10^{-2}	2.343×10^{-3}	7.233
7.355×10^{-1}	7.5×10	1	9.859×10^{-1}	1.757×10^{-1}	5.425×10^2
7.46×10^{-1}	7.607 × 10	1.0143	1	1.782×10^{-1}	5.502×10^2
4.186	4.269×10^2	5.691	5.611	1	3.087×10^3
1.356×10^{-3}	1.383×10^{-1}	1.843×10^{-3}	1.817×10^{-3}	3.239×10^{-4}	1

(注) 1 W = 1 J/s, 1 kgf・m/s = 9.80665 W, (PS : 仏馬力, HP : 英馬力)

(15) 熱伝導率

W/(m・K)	kcal/(m・h・℃)	BTU/(ft・h・°F)
1	8.600×10^{-1}	5.779×10^{-1}
1.163	1	6.720×10^{-1}
1.731	1.488	1

(16) 熱伝達係数

W/(m²・K)	kcal/(m²・h・℃)	J/(m²・h・℃)	BTU/(ft²・h・°F)
1	8.598×10^{-1}	3.599×10^3	1.761×10^{-1}
1.163	1	4.187×10^3	2.048×10^{-1}
2.778×10^{-4}	2.389×10^{-4}	1	4.893×10^{-5}
5.678	4.882	2.044×10^4	1

1) 日本塑性加工学会 編：最新塑性加工要覧 第2版 (2000) pp. 420-429, および日本規格協会：JIS ハンドブックより抜粋

3．SI 単位以外の換算率

(1) メートル系

量	単位 名称	単位 記号	換算率	SI の立場からの重み
角度	度 分 秒	…° …′ …″	$(\pi/180)$ rad $(\pi/10800)$ rad $(\pi/648000)$ rad	併用 併用 併用
長さ	オングストローム	Å	10^{-10} m	暫定
加速度	ガル ジー	Gal G	10^{-2} m/s^2 9.80665 m/s^2	暫定
質量	トン	t	10^3 kg	併用
力	ダイン 重量キログラム 重量トン	dyn kgf tf	10^{-5} N 9.80665 N 9806.65 N	
力のモーメント	重量キログラムメートル	kgf・m	9.80665 N・m	
圧力	バール 重量キログラム毎平方メートル 水柱メートル 気圧 水銀柱メートル トル	bar kgf/m^2 mH$_2$O atm mHg Torr	10^5 Pa 9.80665 Pa 9806.65 Pa 101325 Pa $(101325/0.76)$ Pa $(101.325/0.76)$ Pa	暫定
応力	重量キログラム毎平方メートル	kgf/m^2	9.80665 Pa	
弾性係数	重量キログラム毎平方メートル	kgf/m^2	9.80665 Pa	
圧縮率	平方メートル毎重量キログラム	m^2/kgf	$(1/9.80665)$ Pa^{-1}	
粘度	ポアズ 重量キログラム秒毎平方メートル	P kgf・s/m^2	0.1 Pa・s 9.80665 Pa・s	
熱伝達係数	I.T.カロリー毎時毎平方メートル毎ケルビン	cal$_{IT}$/(h・m^2・K)	0.001163 W/(m^2・K)	
比熱	I.T.カロリー毎キログラム毎ケルビン	cal$_{IT}$/(kg・K)	4.1868 J/(kg・K)	

(2) ヤード・ポンド系

量	単位		
	名称	記号	換算率
長さ	インチ	in	(1/36) yd
	フート	ft	(1/3) yd
	ヤード	yd	0.9144 m
	マイル	mile	1760 yd
面積	エーカー	acre	4840 yd^2
体積	英ガロン	gal (UK)	277.420 in^3
	英液用オンス	fl oz (UK)	(1/160) gal (UK)
	米ガロン	gal (US)	231 in^3
	米液用オンス	fl oz (US)	(1/128) gal (US)
	米バレル	barrel (US)	42 gal (US)
質量	オンス	oz	(1/16) lb
	ポンド	lb	0.45359237 kg
	英トン	ton (UK)	2240 lb
	米トン	ton (US)	2000 lb
力	パウンダル	pdl	1 lb・ft/s^2
温度	華氏度	F	x (°F) = (5/9) (x − 32) (℃)
熱量	英熱量	BTU	1.05506 J

4. 材料定数[2)]

(1) 主な金属材料の密度

材料	密度, g/cm^3	材料	密度, g/cm^3
炭素鋼	7.6〜7.7	りん青銅	8.8
18-8ステンレス鋼	7.9〜8.0	ベリリウム銅 (2% Be)	8.2
ニッケル・クロム鋼	7.8	洋白	8.7
工具鋼	7.8	ジュラルミン	2.8
インコネル	8.3〜8.4	アルミニウム青銅 (5% Al)	8.1
超硬合金	11〜15	すず青銅 (10% Sn)	8.9
鋳鉄 (3% C)	7.0〜7.7	ニクロム	8.4
黄銅	8.4〜8.6	マンガニン	8.2

(2) 主な金属材料の弾性係数

材料	縦弾性係数, GPa	横弾性係数, GPa	ポアソン比
純鉄	200〜216	78〜80	0.27〜0.33
炭素鋼	205〜208	80〜81	0.28
低合金鋼	204〜210	79〜82	0.28〜0.29
フェライト系Cr鋼	207〜215	80〜84	0.28〜0.29
オーステナイト系ステンレス鋼	196〜199	75〜77	0.29〜0.31
鋳鉄	108〜150	51〜60	0.27
インバー	144	57.2	0.26
黄銅	101	37.3	0.35
ジュラルミン	71.5	26.7	0.34
タングステンカーバイド	534	219	0.22

(3) 主なプラスチックおよびセラミックス材料の密度

プラスチック材料	密度, g/cm^3	無機材料	密度, g/cm^3
ポリエチレン	0.92〜0.98	黒鉛	1.6
ポリプロピレン	0.9	グラファイト	2.2
ポリスチレン	1.05	ダイヤモンド	3.5
ポリメタクリル酸メチル	1.19	普通ガラス	2.5〜2.7
ポリカーボネート	1.2	石英ガラス	2.2
ポリ塩化ビニル	1.4〜1.6	れんが	1.7〜2.0
ポリオキシメチレン	1.4	AlN	3.3
ABS	1.05	Al$_2$O$_3$	4.0
フェノール樹脂	1.27	BeO	3.0〜3.1
ナイロン	1.1〜1.3	SiC	3.2〜3.3
ニトロセルロース	1.35〜1.40	Si$_3$N$_4$	3.1〜3.2
四ふっ化エチレン樹脂（テフロン）	2.1〜2.3	石綿	0.5〜0.6
		雲母	2.8
エポキシ樹脂	1.6〜2.2	コンクリート（乾燥）	1.5〜2.4
エボナイト	1.1〜1.4	アスファルト	1.0〜1.4
ベークーライト	1.2〜1.4	大理石	2.6〜2.7
弾性ゴム	0.9〜1.0	石灰岩	2.6
コルク	0.22〜0.26		

(4) 主なプラスチック材料の弾性係数

材料	縦弾性係数, GPa	材料	縦弾性係数, GPa
ポリエチレン（低密度）	0.12〜0.24	ポリオキシメチレン	2.8〜3.5
ポリ塩化ビニル	2.4〜4.0	ABS	1.4〜3.5
ポリプロピレン	1.2	フェノール樹脂	5.1〜6.9
ポリスチレン	2.4〜4.1	エポキシ樹脂	2.5
ポリメタクリル酸メチル	2.6〜3.0	不飽和ポリエステル	2.0〜4.4
ナイロン（66）	1.1〜3.0	シリコン	0.14
ポリカーボネート	2.0〜2.3		

(5) 実用金属材料の線膨張係数

材料	線膨張係数, $\times 10^{-6} \mathrm{K}^{-1}$	縦弾性係数の温度係数, $\times 10^{-5} \mathrm{K}^{-1}$	横弾性係数の温度係数, $\times 10^{-5} \mathrm{K}^{-1}$
ステンレス鋼（圧延材）	16.4	−43.2	−43.6
高炭素鋼（焼なまし）	11	−19.3	−21.8
高炭素鋼（焼入れ）	11	−26.2	−27.3
ピアノ線（焼なまし）	11	−20.7	−20.1
りん青銅（圧延材）	17	−38.0	−41.1
洋白 10 % Ni（圧延材）	18	−34.6	−37.1
ベリリウム銅（時効処理）	17	−35.0	−33.4
ジュラルミン（時効処理）	23	−58.3	−55.1
黄銅 (73 % Cu)	18	−38.9	−38.8
エリンバ	6	−6.6	−7.2
タングステン	4	−9.5	−6.6

(6) プラスチック材料の線膨張係数

材料	20 ℃での線膨張係数, $\times 10^{-6} \mathrm{K}^{-1}$	精度, %	測定温度範囲, K
ポリエステル	84	±5	5〜360
ポリエチレン	169	±5	10〜550
ポリメタクリル酸メチル	61	±7	20〜475
ポリスチレン	71	±5	10〜370
エポキシ樹脂	62	±5	10〜475

(7) 主な工業材料の比熱, 熱伝導率

材料	比熱, kJ/(kg·k)	熱伝導率, W/(m·K)	材料	比熱, kJ/(kg·k)	熱伝導率, W/(m·K)
低炭素鋼 (0.08〜0.12％C)	0.474〜0.477	57〜60	工具鋼	0.46	42
高炭素鋼 (0.81〜1.6％C)	0.506〜0.519	37〜46	ポリエチレン	2.23	0.25〜0.34
			ポリプロピレン	1.93	0.12
マルエージング鋼	—	19.7	ポリカーボネート	1.2〜1.3	0.21
ステンレス鋼	0.46〜0.50	15〜27	フェノール樹脂	1.6〜1.8	0.13〜0.25
インコネル	0.43〜0.45	12〜15	ポリオキシメチレン	1.5	0.30
ねずみ鋳鉄	0.54〜0.57	44〜59	ポリ塩化ビニル	1.04〜1.47	0.15〜0.21
超硬合金	0.21〜0.25	38〜80	アクリル樹脂	1.47	0.17〜0.25
7/3黄銅	0.37	119	黒鉛	0.67	129
りん青銅	0.37	61	クラウンガラス	0.67	1.05
ベリリウム銅	0.42	115	パイレックスガラス	0.78	1.09
超ジュラルミン	0.92	121	石英ガラス	0.84	1.42
ニクロム	0.45	13.4	アルミナ	—	21〜23
			れんが	0.84	0.53〜0.61

(8) 実用金属材料の電気抵抗率

材料	電気抵抗率, $\mu\Omega\cdot cm$	材料	電気抵抗率, $\mu\Omega\cdot cm$
低炭素鋼 (〜0.12％C)	13.3〜13.4	超硬合金	20〜77
高炭素鋼 (0.8〜1.6％C)	9.6〜10.9	7/3黄銅	6.2
クロム・モリブデン鋼	23	りん青銅	1.3
マルエージング鋼	60〜70	ベリリウム銅 (2％Be)	6.9
ステンレス鋼	57〜72	超ジュラルミン	5.8
インコネル	103〜122	ニクロム	112
ねずみ鋳鉄	70〜120		

2) 日本塑性加工学会 編：最新塑性加工要覧 第2版 (2000) pp.420-429, および日本規格協会：JISハンドブックより抜粋

5. 主な元素の物性値[3]

元素名	記号	密度, $\times 10^3$ kg/m^3	縦弾性係数, GPa	線膨張係数, $\times 10^{-6}$/K	比熱, J/(kg·K)	熱伝導率, W/(m·K)	融点, K	電気抵抗率, $\times 10^{-8}$ Ω·m
亜鉛	Zn	7.12～7.13	92～118	30～40	383～389	113～117	692.66～692.73	5.9～5.92
アルミニウム	Al	2.69～2.70	70～76	23.0～23.6	877～903	220～238	933～934	2.65～2.69
アンチモン	Sb	6.62～6.90	55～79	8～11	205～213	18.0～25.5	903.6～903.7	40～42
硫黄	S	2.07			682～735	2650×10^{-4}	386.0～392.2	(57)
イットリウム	Y	4.5～5.5	63～120		298	15	1768～1782	
イリジウム	Ir	22.4～22.5	530～570	6.8	129～135	59	2724～2730	5.3～6.5
インジウム	In	7.28～7.31	10～11	25～33	239	24	429.4～429.8	8.2～9.0
ウラン	U	18.7～19.07	170～190	6.8～14.1	117～120	29～30	1405.5～1406.2	29～30
塩素	Cl	2.1～3.21			481～487	72.2	172.15～172.16	
カドミウム	Cd	8.64～8.65	50～62	29.8	229～231	8	594.1～594.3	6.8～7.4
カリウム	K	0.86～0.87	3.5	83～85	724～743	92～100	336.9	6.2～6.9
ガリウム	Ga	5.90～5.91	93	18～18.3	331～332	30～40	303～1116	
カルシウム	Ca	1.54～1.55	22～27	22.3	623～626	126～130	1111～1121	3.9～4.6
金	Au	19.26～19.32	78～88	14～14.2	126～131	293～300	1336.2～1337.6	2.3～2.4
銀	Ag	10.49～10.50	72～100	15～20	233～235	420～428	1233.95～1235.08	1.59～1.62
クロム	Cr	7.19～7.20	250～253	6.2～7	280～462	67～91	2148～2163	12.9
けい素	Si	2.33～2.34	110	2.8～7.3	680～761	25～84	1683～1687	
ゲルマニウム	Ge	5.32～5.4		5.75～6.0	307	58.5～59	1210.6～1231.7	
コバルト	Co	8.85～8.9	210～220	12～13.8	416～431	69	1765～1768	6.24～6.37
酸素	O	1.43～1.46				250×10^{-4}	54.32～54.75	
ジルコニウム	Zr	6.49～6.53	96～98	5.0～5.85	222～273	20.9～21.1	2125～2128	40～45
水銀	Hg	13.54～14.20	27		139～140	7.8～9.2	234.28～234.79	96
水素	H	0.089～0.090			14490	1710×10^{-4}	13.96～14.01	
すず	Sn	7.28～7.30	42～46	21～23.5	224～227	63～65	505.06～505.12	11～12.8
セシウム	Cs	1.87～1.90		97	200～202		301.6～301.9	20～21
セリウム	Ce	6.77～6.81	42	8	189	10.9～12.5	1068～1077	75～78
セレン	Se	4.79～4.82	59	20～37	353～390	2940～7690 ($\times 10^{-4}$)	490～493	
ビスマス	Bi	9.80	32～34	13.3～13.4	121～127	84	544.5～544.6	107～120
タリウム	Tl	11.85		28～30	130～134	39～47	576	17～19

5. 主な元素の物性値　（ 93 ）

元素名	記号							
タングステン	W	19.1~19.3	350~403	4.5~4.6	134~139	167~177	3600~3683	5.5~5.65
炭素(石墨)	C	2.25	5		669~693	24	3773~4000(昇華)	12.5~15
タンタル	Ta	16.6	181~190	0.6~4.3	143~150	55~57	3219~3319	4.2
チタン	Ti	4.507	114~118	6.5~6.6	472~521	22	1941~1953	
窒素	N	1.025~1.250		8.4~9.0	1037	252×10^{-4}	63.18~63.29	9.7~9.8
鉄	Fe	7.86~7.87	200~212	11.76~12.1	437~462	73.3~83.5	1808.2~1809.7	1.67~1.72
テルル	Te	6.24~6.25	42	16.75	197~200	5.85~5.9	722.7~723.0	
銅	Cu	8.93~8.96	110~136	16.5~17.0	380~399	394~397	1356.2~1357.7	13~18
トリウム	Th	11.5~11.66	49~70	11.2~12.5		37.6~38	2008~2023	4.2~4.6
ナトリウム	Na	0.971			14.3	134~142	370.95~370.97	20.6~21
鉛	Pb	11.34~11.36	14~16	70~71	239		600.57~600.65	12.6~14.5
ニオブ	Nb	8.56~8.57	105~110	29~29.3	126~129	34.8~35	2741~2793	6.8~7.2
ニッケル	Ni	8.902	199~210	7.2~7.31	273	52.5~54.34	1726~1728	10.6
白金	Pt	21.45~21.5	150~170	12.8~13.3	435~441	88~92	2042~2045	24.8~26
バナジウム	V	5.8~6.1	130~140	8.9~9.0	132~136	69.3~72	2108~2173	10.8
パラジウム	Pd	12.0~12.2	110~121	7.8~8.3	500	29.3~31	1825~1827	
ベリリウム	Ba	3.5~3.6		11.0~11.76	245~250	70.6~75	987~1002	
ひ素	As	5.72~5.73		47	280~286		1090	33~35
プルトニウム	Pu	17.8~19.72	100~101	55	344		913	
ヘリウム	He	0.12~0.1785			139	8.4	1.0~3.5	
ベリリウム	Be	1.84~1.85	28~31	11.6~14.0	5250	1394×10^{-4}	1550~1560	4~6
ほう素	B	2.34~2.53		8.3	1890~1976	147~218	2303~2573	
マグネシウム	Mg	1.74	44~45	27.1	1280~1298		923~932	3.9~4.5
マンガン	Mn	7.42~7.43	160~198	22~23	1022~1029	154~167	1517~1518	160~185
モリブデン	Mo	10.22	327~420	4.9~5.3	483~510		2883~2903	5.2~5.7
ユーロピウム	Eu	5.16~5.245		26	277~300	142~143	1090~1099	
ラジウム	Ra	5.0			164		973	
ラドン	Rn	4.4~9.96					202	
リチウム	Li	0.534		56	3318~3500	71	452.15~453.69	8.6~9.4
りん	P	1.82~1.83		125	743~845		317.4	12.5
ルビジウム	Rb	1.53		90	336		312.10~312.65	19.1~19.3
レニウム	Re	21.04	454~470	6.6~6.7	126~134	48~71	3453~3473	4.5~5.1
ロジウム	Rh	12.44	300~379	8.3~8.5	240~248	88~149	2236~2239	

（注）常温、常圧における値
3）日本機械学会編：機械工学便覧 B4 (1985) pp. 2-5 より抜粋

6. 工業用材料の力学的性質 [4]

材料	密度, kg/m^3	降伏点, MPa	引張強さ, MPa	縦弾性係数, GPa	横弾性係数, GPa	熱膨張係数, 1/K
構造用鋼 (SS41)	7.9×10^3	235以上	402〜510	206	80	12×10^{-6}
低炭素鋼 (0.08〜0.12C)	7.86	200以上	300以上	206	79	11.3〜11.6
高張力鋼 (HT80)	—	750以上	800以上	203	73	12.7
ニッケル・クロム鋼 (SNC236)	7.8	588以上	736以上	204	—	13.3
ステンレス鋼 (SUS304)	8.03	206以上	520以上	197	73.7	17.3
ねずみ鋳鉄	7.05〜7.3	—	170	73.6〜127.5	28.4〜39.2	9.2〜11.8
無酸素銅 (C1020-1/2H)	8.92	231	271	117	—	17.6
7/3黄銅 (C2600-H)	8.53	395	472	110	41.4	19.9
りん青銅2種 (C5191-0)	8.80	177	383	110	—	18.2
純アルミニウム (A1100-H18)	2.71	95	110	69	27	23.6
超ジュラルミン (A2024-T4)	2.77	324 (耐力)	422	74	29	23.2
工業用純チタン	4.57	275 (耐力)	390	106	44.5	8.4
チタン合金 (Ti-6Al-4V)	4.43	825	900	109	42.5	8.4
マグネシウム合金 (8.5%Al)	1.80	275	380	45	—	26
ばね鋼 (SUP3, 焼入れ)	—	—	1080以上	206	83	

4) 西村 尚編:ポイントで学ぶ材料力学, 丸善 (1988) p. 141.

7. 元素の周期律表（長周期）[5]

族 / 周期	1 Ia (アルカリ金属)	2 IIa (アルカリ土類金属)	3 IIIa および希土類金属	4 IVa	5 Va	6 VIa	7 VIIa	8	9 VIIIa	10	11 Ib	12 IIb	13 IIIb	14 IVb	15 Vb	16 VIb	17 VIIb (ハロゲン)	18 VIIIb (希ガス)
1	1 H																	2 He
2	3 Li	4 Be											5 B	6 C	7 N	8 O	9 F	10 Ne
3	11 Na	12 Mg											13 Al	14 Si	15 P	16 S	17 Cl	18 Ar
4	19 K	20 Ca	21 Sc	22 Ti	23 V	24 Cr	25 Mn	26 Fe	27 Co	28 Ni	29 Cu	30 Zn	31 Ga	32 Ge	33 As	34 Se	35 Br	36 Kr
5	37 Rb	38 Sr	39 Y	40 Zr	41 Nb	42 Mo	43 Tc	44 Ru	45 Rh	46 Pd	47 Ag	48 Cd	49 In	50 Sn	51 Sb	52 Te	53 I	54 Xe
6	55 Cs	56 Ba	57～71 ランタノイド元素*	72 Hf	73 Ta	74 W	75 Re	76 Os	77 Ir	78 Pt	79 Au	80 Hg	81 Tl	82 Pb	83 Bi	84 Po	85 At	86 Rn
7	87 Fr	88 Ra	89～103 アクチノイド元素**															

遷移元素

金属元素 ←→ 非金属元素

*ランタノイド元素 (第1希土類元素)	57 La	58 Ce	59 Pr	60 Nd	61 Pm	62 Sm	63 Eu	64 Gd	65 Tb	66 Dy	67 Ho	68 Er	69 Tm	70 Yb	71 Lu
**アクチノイド元素 (第2希土類元素)	89 Ac	90 Th	91 Pa	92 U	93 Np	94 Pu	95 Am	96 Cm	97 Bk	98 Cf	99 Es	100 Fm	101 Md	102 No	103 Lw

鉄鋼材料便覧, 丸善（1993）p.1412

索　引

ア　行

圧延 ·· 16
圧延荷重 ··· 18
圧延ロール ····································· 18
圧下率 ··· 17
圧下量 ··· 17
圧着分離 ··· 65
穴あけ ······························· 35, 55, 69
孔形 (型) 圧延 ······························ 20
孔形 (型) ロール ························· 19
穴ダイス引抜き ··························· 27
板圧延 ··· 16
板抑え ··· 37
一次加工 ··· 1
異方性 ··· 43
浮きプラグ引き ··························· 27
打ちきず ··· 30
打抜き ··· 35
打抜き力 ··· 36
延伸 ·· 28
延性破断 ··· 10
円筒研削 ··· 69
円筒深絞り ····································· 41
エンドミル加工 ··························· 66
応力-ひずみ線図 ···························· 9
応力変換式 ····································· 46
送り分力 ··· 60
押出し ··· 22
押出し温度 ····································· 26
押出し鍛造 ····································· 31

押出し比 ································· 24, 26
押出し力 ··· 23
オーステナイト ··························· 12
温間加工 ··· 13

カ　行

回転加工 ··· 44
かえり ··· 37
加工温度 ··· 11
加工硬化 ····················· 11, 13, 30, 58, 60
加工速度 ································· 11, 13
加工度 ··· 17
加工能率 ··· 4
形圧延 ··· 20
形削り ··· 55
形鋼圧延 ··· 20
形材圧延 ································· 16, 20
型鍛造 ····································· 31, 32
形直し ··· 75
型曲げ ··· 39
カッピング ····································· 30
かみ込み角 ····································· 18
ガラス繊維強化熱可塑性プラスチック ·· 6
空引き ··· 27
管圧延 ··· 21
間接押出し ····································· 22
擬安定組織 ····································· 12
機械エネルギー ··························· 55
機械加工 ······························· 2, 3, 55
機械材料 ··· 5
気孔 ·· 70

索　引

気孔率	70
凝着	24, 57, 64, 65
切りくず	57, 59, 63, 70
切り口面	37
き裂形	62
金属材料	5
空孔	33
駆動トルク	61
組合せ鍛造	33
クラック	26, 64, 75
クリアランス	38, 43
クレータ摩耗	65
軽量鋼板	6
結合剤	70, 72
結晶格子	9
結晶構造	6
結晶面	8
結晶粒界	11, 34
結晶粒粗大化	34
限界絞り比	42
研削	69
研削加工	2, 4
研削抵抗	73
研削砥石	69, 70
研削動力	74
研削能力	74
研削比	73
研削焼け	75
研削割れ	76
原子密度	7
コイニング	32
合応力	47
工作物	55, 58, 76
工作物駆動動力	74
格子欠陥	8
格子線解析	25
構成刃先	57, 58, 62
降伏応力	50, 51
降伏条件	47, 49
後方押出し	22
固相	3
ゴム	5, 6

サ　行

再結晶	12
再結晶温度	12
最小主応力	49
最大主応力	49
最大せん断応力	7, 49
最密六方格子	6
座ぐり	69
酸化スケール	34
3軸応力	48
残留応力	75
シェービング加工法	38
シェブロンクラック	30
しごき加工	44
絞り力	41, 43
シームレスパイプ	22
自由鍛造	31, 32
主応力	45, 46
主せん断応力	45, 47
主分力	60
正面フライス加工	66
除去加工	2
しわ	43
しわ抑え力	43
心金引き	27

伸線･･････････････････27	接線分力････････････････73
親和性････････････････65	セラミックス････････････5, 6
垂直応力･･････････････47	旋削･･････････････････55
垂直分力･･････････････74	先進率････････････････17
据込み････････････････32	せん断･･････････････34, 35
据込み鍛造････････････31	せん断応力････････24, 45, 62
すくい角････････57, 59, 61, 70	せん断角･･････････････58
すくい面････････････57, 63	せん断荷重････････････36
スピニング････････････45	せん断形････････････････62
スプリングバック････････40	せん断降伏応力････････････51
すべり系････････････････7	せん断すべり････････････61
すべり変形････････････････4	せん断抵抗････････････36
すべり方向･･････････････7	せん断ひずみ････････････58, 59
すべり面････････････････7	せん断変形････････････36
スラブ法･･････････････32	せん断変形抵抗････････････38
すりきず･･････････････30	せん断面････････････37, 58, 61
スローアウェイチップ････････63	せん断流動････････････25
生産加工････････････････3	せん断力･･････････････36, 61
制振鋼板････････････････6	旋盤･･････････････････56
静水圧押出し･･････････24	旋盤加工････････････････56
ぜい性破断････････････10	線引き････････････････27
精密せん断加工法････････38	前方押出し････････････22
析出････････････････････13	線膨張係数･･･････････74
切削･･････････････････55	双晶･･････････････････9
切削温度･･････････････66	相分類････････････････3
切削加工････････････････2, 4	側壁部････････････････43
切削工具････････････55, 64	塑性････････････････3, 15
切削速度････････････58, 60	塑性域････････････････9
切削抵抗････････60, 61, 62, 63	塑性加工･･････････2, 3, 15
切削抵抗力････････57, 61, 74	塑性条件････････････47
切削動力･･････････････60	塑性ヒステリシス･････････12
切削比････････････････58, 59	塑性ひずみ････････････11, 12
接触圧力･･････････････17	塑性変形･････････････3, 8
接触長さ･･････････････18	塑性力学････････････････45

そり	40
粗粒組織	24

タ 行

体心立方格子	6
ダイス角	26, 28, 30
ダイス肩部	42
ダイス半角	29
ダイヤモンド砥石	72
多機能化	16
多結晶	9
縦弾性係数	40
だれ	34, 36
単結晶	9
弾性域	9
弾性回復	40
鍛造	31
鍛造比	32
断面形状	20
断面減少率	20, 28
鍛錬	33
チェックマーク	30
縮みフランジ成形	39
チッピング	64
チップブレーカ	63
チップ用バイト	57
直接押出し	22
継目なし鋼管	22
ツルーイング	75
鉄鋼材料	5
デッドメタル	25
転位	8, 11, 12
転造	44
砥石	70, 75, 76
砥石駆動動力	74
等方圧	24
砥粒	70, 74
砥粒切込み深さ	76
砥粒率	73
ドリル加工	67
トレスカ	49
ドレッシング	75

ナ 行

内部空孔	20
内部欠陥	30
内面研削	69
流れ形	62
逃げ角	57
逃げ面	57
2孔ダイス	25
二次加工	1, 30
二次元応力状態	45
ねじり変形	11
熱応力	65
熱回復	12
熱間圧延	15, 16
熱間加工	13
熱間鍛造	31, 33
熱衝撃	34, 65
熱伝導率	66, 74
伸ばし	32

ハ 行

背圧	38
バイト	55
背分力	60
バウシンガー効果	11

破壊・減耗機構	74
歯車研削	69
破断	9, 36
破断開口	26
破断形態	9
破断面	37
八面体せん断応力	50
バックアップロール	18
張出し成形	42
パンチ肩部	42
引抜き	27
引抜き応力	29
引抜き限界	29
引抜き力	28
非金属材料	5
非結晶	9
比研削エネルギー	74
微細化	16
微細組織	24
被削性	4, 63
ひずみエネルギー	11
ひずみ硬化	11
引張降伏応力	51
非鉄材料	5
表面欠陥	26, 30
表面き裂	20
表面脱炭	34
平削り	55
ビレット	22, 24
付加加工	3
深絞り加工	40, 41
複合加工	33
複合材料	5, 6
歩留まり	4, 15
フライス	66
フライス加工	66
フライス削り	55, 66
プラスチック	5
フラッシュ部	33
フランク摩耗	65
フランジ成形	39
プレス成形	15
不連続形	62
分断	35
分離	64
平均応力法	32
平面研削	69
ヘッディング	32
へら絞り	45
変形	4
変形加工	2
変形挙動	24, 27, 32, 36, 39, 42
変形抵抗	13, 26, 28
変形能	10, 12, 33
偏析	33
ボイド	9
ボール盤	69

マ 行

曲げ	38
摩擦角	61, 62
摩擦係数	18, 28, 29, 62
摩擦力	17, 29
摩耗	34, 64, 75
マルテンサイト	12
丸棒圧延	19
マンドレル引き	27
マンネスマン効果	21

ミーゼス ･････････････････････ 49
密閉型鍛造 ････････････････････ 31
ミラー指数 ･････････････････････ 9
むしり形 ･･････････････････････ 62
目こぼれ ･･････････････････････ 74
メタルボンド ･･･････････････････ 72
目つぶれ ･･････････････････････ 75
目づまり ･･････････････････････ 72
目直し ････････････････････････ 75
面心立方格子 ････････････････････ 6
モール円 ･･････････････････････ 46

冷間圧延 ･･････････････････････ 16
冷間加工 ･･････････････････････ 12
冷間鍛造 ･････････････････････ 31, 33
レジノイドボンド ･･･････････････ 72
連続形 ･････････････････････ 62, 63
連続切れ刃間隔 ･････････････････ 76
連続鋳造 ･･････････････････････ 15
ろう付けバイト ･････････････････ 56
ロール曲げ ････････････････････ 39

ヤ 行

焼入れ ････････････････････････ 12
焼なまし ･･････････････････････ 12, 34
焼戻し ････････････････････････ 12
ユニバーサル方式 ･･･････････････ 20
余弦定理 ･･････････････････････ 76
横フライス加工 ･････････････････ 66

ラ 行

粒子 ･･････････････････････････ 69

ワ 行

割れ ･･････････････････ 24, 30, 40, 41, 75

英 語

cBN砥石 ･･････････････････････ 72
L曲げ ････････････････････････ 39
n 値 ････････････････････････ 40
r 値 ････････････････････････ 42
U曲げ ････････････････････････ 39
V曲げ ････････････････････････ 39

― 著者略歴 ―

松岡信一(まつおか しんいち)

- 1971年　東京大学 工学部 研究生(精密機械工学)退学
  　　　　東京大学 助手
- 1981年　工学博士(東京大学)
- 1990年　富山県立大学 助教授
- 1997年　富山県立大学 教授
  　　　　現在に至る

JCLS 〈㈱日本著作出版権管理システム委託出版物〉

2006　　　2006年5月27日　第1版発行

図解 材料加工学

著者との申し合せにより検印省略

©著作権所有

定価 1575円
(本体 1500円)
(税 5%)

著　作　者　　松　岡　信　一

発　行　者　　株式会社　養　賢　堂
　　　　　　　代表者　　及　川　　清

印　刷　者　　株式会社　三　秀　舎
　　　　　　　責任者　　山　岸　真　純

発行所　株式会社　養賢堂
〒113-0033 東京都文京区本郷5丁目30番15号
TEL 東京(03)3814-0911 [振替00120]
FAX 東京(03)3812-2615 [7-25700]
URL http://www.yokendo.com/

ISBN4-8425-0385-8 C3053

PRINTED IN JAPAN　　　製本所　板倉製本印刷株式会社

本書の無断複写は、著作権法上での例外を除き、禁じられています。
本書は、㈱日本著作出版権管理システム(JCLS)への委託出版物です。本書を複写される場合は、そのつど㈱日本著作出版権管理システム(電話03-3817-5670、FAX03-3815-8199)の許諾を得てください。